教育部人文社会科学研究青年基金项目资助

项目名称：不止于美：当代中国城市公共空间设计伦理研究

项目批准号：18YJC760002

不止于美：现代中国城市公共空间设计研究

曹 晋／著

九 州 出 版 社

JIUZHOUPRESS

图书在版编目（CIP）数据

　　不止于美：现代中国城市公共空间设计研究 / 曹晋
著 . -- 北京：九州出版社，2023.8
　　ISBN 978-7-5225-2073-5

　　Ⅰ . ①不… Ⅱ . ①曹… Ⅲ . ①城市空间—公共空间—
空间规划—研究—中国 Ⅳ . ① TU984.2

　　中国国家版本馆 CIP 数据核字（2023）第 155181 号

不止于美：现代中国城市公共空间设计研究

作　　者	曹　晋　著
责任编辑	牛　叶
出版发行	九州出版社
地　　址	北京市西城区阜外大街甲 35 号（100037）
发行电话	（010）68992190/3/5/6
网　　址	www.jiuzhoupress.com
印　　刷	北京亚吉飞数码科技有限公司
开　　本	710 毫米 ×1000 毫米　16 开
印　　张	14.25
字　　数	222 千字
版　　次	2024 年 3 月第 1 版
印　　次	2024 年 3 月第 1 次印刷
书　　号	ISBN 978-7-5225-2073-5
定　　价	82.00 元

　　城市公共空间是城市主要构成元素之一，是人们日常户外活动的重要场所，是创造宜居城市环境、展现城市风貌的场所，是城市的"橱窗"。其表现形式丰富多样，有城市公园、城市绿地、街心广场、休闲步行街道、体验式场所等休闲空间。城市公共空间的存在和发展与人类的生活和发展息息相关，它是人们日常生活空间的户外延续，是储存城市发展史的容器，更是城市居民日常生活与户外空间关系的特殊载体。

　　城市公共空间是设计内容丰富、集多学科分析和艺术灵感创作于一体的综合创作体，是用来解决人们一切户外空间活动问题、为人们提供满意的户外活动的场所。在为居民提供生活交往空间的同时，城市公共空间还包含着社会信息，赋予人们最直接的日常经验与社会文化观念，是相互交流和信息传递的重要平台，对塑造城市的精神与文化形象起着重要的作用。不同文化背景影响下，人们理解和建构的城市公共空间有所不同。东西方对城市公共空间的建设和美化也有不同侧重。

　　21世纪以来，中国城镇化进程不断加快。国家统计局数据显示，2000年末中国城镇化率为36.22 %，截至2020年底，中国城镇化率升至63.89%。①在城市快速发展的过程中，城市公共空间受重视程度日渐式微。城市公共空间面积出现不同程度的减少，与此同时，城市公共空间的"公共性"受到挑战。国内学术界已经关注到城市公共空间面临的问题，并展开了一系列研究。

　　本书沿着由浅入深的逻辑顺序展开分析。绪论从宏观上分析了城市公共空间及其设计，对它的一些基本理论问题、研究现状、美与价值等进行了简

---

① 庄佳.城市公共空间设计的发展趋势研究[J].南京艺术学院学报，2022（07）194-199.

要分析。第一章以时间为线索，对中国从古至今的城市公共空间发展历程进行了梳理，并对未来中国城市公共空间的发展进行了展望。第二章与第三章从实用性的角度，对城市公共空间设计的方法、细节、属性等进行了分析，希望借此对城市公共空间设计中的方法运用、细节设计进行全方位的探讨，并对城市公共空间的多重属性有一个全面的认识。第四章从综合性、实践性的角度对城市公共空间的专项设计，如公共广场、公共商业空间、公共绿地、公共景观、地下公共空间等进行分析。最后一章则着重从价值取向的角度对城市公共空间设计进行分析，探讨了为谁塑造、塑造什么、如何塑造、如何评价的问题。

本书结构清晰，内容全面，表现出理论与实践相结合的特点。前两章主要是对城市公共空间的理论分析，之后逐渐转入对实践的分析，先是分析了城市公共空间设计的方法，然后围绕其中涉及的细节布置展开论述，最后则从专项入手，分析了城市公共空间设计的具体实践。本书在论述过程中，语言简明，图文并茂，具有一定的参考价值。

笔者在本书的写作过程中，参考了许多相关的学术著作与论文，在此表示由衷的感谢。对于本书存在的一些问题与不足，希望各位读者批评指正，并提出宝贵意见。

目录
CONTENTS

绪　论

　　"空间"一词最早出现在拉丁语中，意思是物体依赖的一种表现形式，它代表了世界上物质的扩展和连续性。"公共空间"是开放、自由参与、公众认可的空间。"城市公共空间"是一种开放的空间环境，公众可以在城市或实体空间的内部、边缘游玩或进行日常社交互动。本章将论述城市公共空间的基本理论。

第一节　城市公共空间概述

一、城市公共空间的概念

城市公共空间是城市中各种具有公共功能的场所，城市公共空间概念和内涵的进一步发展是"场所"，"场所"是地理学中的空间要素与心理学中感知概念的结合。可以说，城市公共空间是众多公共"场所"集合的总称，而场所是可以被认识和感知的。所以，城市公共空间有着感知空间和形象空间的精神意义和内涵。这种精神意义与内涵的形成是由社会进程决定的，并且受到社会文化的影响。

场所是个人可以找到与他人分享并赋予自己身份感的结构实体。鲁道夫·施瓦茨（Rudolf Schwartz）曾经写道："一个人出生的村庄在他出生之前就已经存在，但它很快就成为这个人生活的场所，在那里村里的路线和位置都在记忆中。"[①]比较简单的结论是，当建筑空间的概念从室内扩展到室外空间时，城市公共空间的概念就自然产生了。

003

当然需要注意的是，作为城市中人类一切活动的载体，城市公共空间不仅是城市活动形成和转化的结果，也在一定程度上塑造了城市活动，因为人们的需求总是从已有的空间中进行改变，并孕育出新的活动。随着城市化的普遍发展和城市公共空间的不断扩大，城市活动越来越具有区域性（图1），理论界更倾向于采用能覆盖整个城市区域空间的概念。因此，从空间结构分

---

① 杨茂川，何隽.人文关怀视野下的城市公共空间设计[M].北京：科学出版社，2018：12-15.

析的角度来看，城市整体分为城市内部空间和城市外部空间。

图1　城市空间

　　我国公认的狭义上的"城市公共空间"的概念为：为人们日常生活和社会交往提供场所的非私密户外空间，如城市公共广场、城市公共公园、城市户外公共活动区等。[①]根据人们日常的需求，不同的城市公共空间可以方便人进行不同的活动，如健身休闲、运动娱乐、聊天、聚会等日常交流行为。广义上的城市公共空间通常指公共场所的空间，如城市住宅区内部的公共空间、商业区里的公共空间等。换言之，任何非私人公共空间都可以称为城市公共空间。

二、城市公共空间结构的概念

（一）城市公共空间结构的定义

　　城市公共空间的结构简称为城市结构，它虽然不能直接触摸，但包含了城市在功能、时间上的各种本质和非本质元素。富利（L. D. Foley）、韦伯

---

① 魏娜.城市公共空间设计[M].北京：清华大学出版社，2017：13-19.

（M. M. Webber）、波纳（L. S. Bourm）等人认为城市公共空间结构是指城市要素的空间分布和相互作用的内在机制。笔者认为城市公共空间结构较为确切的定义是指在一定空间范围内各种城市要素的分布和关系状态。①

（二）城市公共空间结构的四项主要特性

城市公共空间结构的四项主要特性是：

（1）可识别性。它可以被同步识别、观察和研究，成为一个暂时静止的存在。

（2）持久性（系统性）。它可以不受时间和空间的限制而继续存在。持久性与变化有关，因为社会的每个时期都有自己的价值观、知识、信仰以及自己不同的实际问题和客观环境，而这些概念和信仰如果代代相传，将成为社会行为的准则，这就是一种"结构"的观念。

（3）动态性（可变性）。它有两个含义：其一是随着时间的推移不断地起作用和变化，是一个具有动态变化的过程；其二是指结构与存在其中的行动者之间彼此互动、相互辩证的关系。

（4）层次结构（不对称性）。物理学家史密斯（C. S. Smith）认为结构本质上是由所谓的不对称关系产生的，而在任何关系中，不对称都是结构形成的主要因素。所谓层次结构，是指具有内外关系的结构相互渗透，有时齐有时不齐，不齐时就形成层次。因此，要了解任何结构，不仅要看它本身，还要看它的上下以及内外部分的关系。

---

① 魏娜.城市公共空间设计[M].北京：清华大学出版社，2017：23-26.

第二节 城市公共空间研究综述

一、城市公共空间研究背景

公共空间一直是不同部门讨论和研究的重要课题。城市公共空间体现了城市形象的一方面，也是人们感受城市景观、地域文脉和场所认知的重要空间对象。从社会活动的角度看，它是城市的客厅，是城市社会生活和公众交流的平台，应该承载高于物质的社会价值。这就是城市中的公共空间对于城市居民、社会和城市本身而言都扮演着非常必要且重要的角色的原因。2008年，同济大学研究生院副院长、博士生导师蔡永杰教授在接受《中外建筑》杂志编辑采访时说："我们的城市公共空间设计对普通人的关注太少了。"[①]这句话说明了我国城市公共空间最根本的问题。

改革开放以来，城市规模迅速扩大，城市公共空间不断增加重点项目，如广场、街道、公共绿地等，但数量的增加并不能掩盖问题的存在。一个比较突出的问题是很多城市公共空间在设计上缺乏人性化。例如，公共空间雷同较多又缺乏个性；大而空旷，缺乏互动和参与，且能耗高、维护成本高；城市公共空间环境质量恶化，个性魅力褪色，人文关怀薄弱。此外，国内对城市公共空间的理论研究相对于大规模的建设而言还有待完善，大部分研究内容仍然停留在材料属性（外观、形状、颜色、材质、风格）上，而忽视了它的社会特征（人们的精神生活、心理愉悦和身心健康等）。

20世纪下半叶以来，人们开始认识到单纯从视觉美学的角度强调对环境的评价，将环境背后的心理因素剥离开，很容易导致只追求城市公共空间外观设计的形式主义。事实上，对城市公共空间的心理学研究也很重要。从心理学研究的角度来看，城市公共空间研究的重点是关于人的公共空间及其行

---

① 孟彤.城市公共空间设计[M].武汉：华中科技大学出版社，2012：1—6.

为心理的研究，其中最著名的是扬·盖尔教授的著作《公共空间·公共生活》[①]。作者通过对详略不一且有深度的案例进行研究，不仅告诉读者如何研究公共空间和城市生活，还指出空间品质与城市生活特征之间的关系。另外，扬·盖尔教授还基于《传播与空间》一书中社会学、环境心理学和城市规划的交叉点，分析了户外空间的特点和功能空间的设计规划原则，提出营造一个活泼、舒适的户外环境空间的建议。扬·盖尔与拉尔斯·吉姆松合著的《新城市公共空间》于2001年出版，汇集了来自世界各地的公共空间战略和创新且具有建筑趣味的公共空间项目资料。

在城市建设中重视公共空间的创造，是许多国内学术研究人员关注的话题。白德懋在《城市空间环境设计》[②]一书中提出，应将建筑与周边环境与其社区活动的反馈联系起来，根据人们生活的特点，营造舒适优美的物质空间环境。王伟强在《和谐城市的塑造：关于城市公共空间形态演变的政治经济学实证分析》[③]一书中，以上海城市公共空间的演变为例，揭示了城市公共空间设计的机制和方法。同时，他还对上海城市公共空间的未来发展趋势提出了建议和优化策略。周进在《城市公共空间建设的规划控制与引导》[④]一书中，在公共空间质量研究的基础上，对如何建立有效的计划控制体系提出了建议。所有这些研究成果都为本书的研究提供了基础条件。

现阶段，我国城市公共空间的研究一部分还停留在对材料、外观属性等方面的关注上，而另一部分则表现出人性化、人文主义的价值取向。心理学、行为学、社会学等人文学科的研究成果逐渐被采纳。从普通市民的角度出发，研究的出发点和着力点应该是关注"人"自身及其日常生活，加强对物质属性的理性分析，将人文关怀与人性化等因素具体而系统地融入城市公共空间进行研究，目前此类研究还很缺乏。

---

① [丹麦]扬·盖尔，拉尔斯·吉姆松著.公共空间·公共生活[M]汤羽扬，译.北京：中国建筑工业出版社，2003：3-6.

② 白德懋.城市空间环境设计[M].北京：中国建筑工业出版社，2002：1-3.

③ 王伟强.和谐城市的塑造：关于城市空间形态演变的政治经济学实证分析[M].北京：建筑工业出版社，2005：4-8.

④ 周进.城市公共空间建设的规划控制与引导[M].北京：中国建筑工业出版社，2005：55-62.

二、城市公共空间研究的目的与意义

研究我国城市公共空间，需要转变研究视角，把"人"融入城市公共空间研究中，明确"城市公共空间"的意义，尊重人的主观立场和个性差异，关怀丰富多样的个体需求，唤醒人们的主动性、热情和创造力，构建人性化的城市公共空间设计体系。也就是说，要深入探讨人性化与人文化思维在城市公共空间中的本质重要性，让城市公共空间真正成为"以人为本、为人民服务"的公共空间。

研究视角的变化导致城市公共空间分类方式的变化，也改变了其相应的设计策略。城市公共空间的设计策略可以从横向与纵向两个角度进行研究。横向可以看作描述材料属性和相关专业化设计策略的分类，纵向是表示社会属性和人性化的相关设计策略的分类，两者相辅相成。当前，横向研究成果是比较成熟和独立的，而纵向的研究成果在我国还比较少见。只有让纵向的研究达到一定水平，形成较为专业化的系统理论，才能使城市公共空间设计策略更加成熟和完善。因此，研究城市公共空间具有重要的社会、环境和文化意义。通过深入了解城市公共空间的功能，改善城市公共空间的设计，可以提升城市居民的生活质量，促进社会交往和凝聚力，推动城市的可持续发展，并展示城市的形象和文化特色。

本书系统地探讨了现代中国城市公共空间设计的理论和实践。通过对城市公共空间的发展、设计方法论、细节设计与多维属性、专项设计研究以及设计的价值取向等多个章节的详细讨论，展现了城市公共空间的演变过程、设计原则和程序，提供了丰富的实践指南和可资借鉴的技术要求。本书对城市规划和设计领域的专业人士和研究者具有重要的理论和实践价值，为读者提供了全面的知识体系和设计方法，强调了城市公共空间设计对塑造城市形象、提升居民生活质量和传承文化价值的重要性。

三、我国城市公共空间研究存在的问题分析

（一）理论研究不足

在我国的城市公共空间研究中，理论研究相对不足。虽然有一些案例分析和实证研究，但缺乏系统性的理论框架和深入的概念性研究。这使得我们对城市公共空间的本质、功能、设计原则等方面的理解相对薄弱。

首先，缺乏系统性的理论框架限制了对城市公共空间的深入理解。城市公共空间设计需要建立在坚实的理论基础之上，以便明确空间的功能、使用者需求、社会影响等。然而，目前的研究大多是零散的案例研究，缺乏整体性和系统性的理论支持。

其次，缺乏深入的概念性研究限制了对城市公共空间本质和特点的认识。城市公共空间作为城市社会生活的重要组成部分，其本质和特点是多样而复杂的。然而，目前对于城市公共空间的概念和定义的研究相对较少，对于其特点和功能的理解还不够清晰。此外，理论研究不足还会影响到设计原则和方法的发展。城市公共空间的设计需要借助理论来指导，以确保设计的科学性和有效性。然而，由于理论研究不足，设计原则和方法的探索相对滞后，导致设计实践中存在着一定的盲目性。

要解决这一问题，我们需要加强对城市公共空间理论的研究。首先，应该进行系统性的概念研究，明确城市公共空间的本质、特点和功能，构建起理论框架。其次，需要深入研究城市公共空间的使用者需求和社会影响，以提供理论指导和实践依据。同时，应加强国内外理论研究的交流与合作，借鉴国外先进的理论成果，促进我国城市公共空间设计理论的发展。

通过加强理论研究，我们能够更好地把握城市公共空间设计的本质和特点，为实践提供科学的指导，促进我国城市公共空间的发展和提升。

（二）实践与理论脱节

在实践层面，城市公共空间的设计和规划在一定程度上存在与理论研究脱节的问题。一方面，一些城市公共空间项目过于注重功能和经济效益，而忽视了人文关怀、社会互动等方面的需求。在城市发展的压力下，一些公共空间设计成为单一功能和商业利益的延伸，忽略了居民的文化、休闲、社交等方面的需求。这导致公共空间的单一化和商业化，削弱了其作为社区和城市中心的社交、文化和公共生活的功能。另一方面，理论研究与实践之间的联系和互动不够紧密。城市公共空间的设计需要建立在理论基础上，以确保设计的科学性和有效性。然而，实践中的设计决策往往受到多方面的制约，包括政府政策、土地利用和经济压力等。这导致一些设计方案与公共空间的实际需求不匹配，无法充分满足居民的需求和期望。

要解决这一问题，需要加强实践和理论的紧密结合。首先，理论研究应紧密围绕实践需求展开，关注公共空间设计中的实际问题，并提供具体的指导和解决方案。其次，实践中的设计者和规划者应积极借鉴和运用理论研究成果，将理论知识融入具体的设计过程中。同时，应建立起理论与实践的反馈机制，通过实践中的经验总结和反思，不断修正和完善理论框架。

此外，加强各方的合作和交流也是关键。政府、设计师、研究机构、社区居民等各方应加强沟通与合作，共同参与城市公共空间设计的决策和实施过程。多方参与和合作，能够更好地将理论知识转化为实践成果，并实现城市公共空间设计与社会需求的有机结合。

加强实践与理论之间的联系和互动，能够更好地解决我国城市公共空间设计存在的问题，使设计更加贴近实际需求，提升公共空间的质量和功能，为居民创造更好的城市生活环境。

（三）缺乏综合性研究方法

城市公共空间是一个复杂的系统，涉及多个学科领域，如城市规划、建筑设计、社会学、心理学等。然而，现有的研究往往局限于特定学科的视角，缺乏跨学科的综合研究方法，这使得我们对城市公共空间的综合性理解和对综合性解决方案的探索较为有限。

由于城市公共空间的复杂性，单一学科的视角难以全面把握和解决问题。例如，城市规划专家可能更关注公共空间的布局和空间结构，而忽视了居民的需求和使用体验；建筑设计师可能更注重公共空间的建筑形式和美学，而忽视了公共空间在社会互动和文化交流方面的功能。这种学科之间的片面性研究导致了对城市公共空间的综合性理解的不足。

为解决这一问题，需要倡导跨学科的研究方法和综合性的研究框架。首先，应加强学科间的交流与合作，促进不同学科领域的专家之间的合作与协作。通过共同参与研究项目，学科专家能够相互借鉴，从而形成更全面的研究视角。其次，需要建立跨学科的研究机构和平台，促进不同学科之间的交流与合作。通过建立跨学科的团队和研究平台，集合各个学科领域的专业知识和技术，共同开展城市公共空间的综合研究。这样可以实现理论和实践之间的有机结合，提供更具针对性和综合性的解决方案。

此外，还应加强对综合研究方法的培养和推广。重点是培养跨学科的研究人才，提供相应的培训和交流机会，培养具备跨学科思维和研究能力的专业人才。同时，鼓励将研究成果应用到实际设计中，推动综合性研究方法的应用和发展。

采用综合性研究方法，能够更全面地理解城市公共空间的复杂性和多样性，并提供综合性的解决方案。这有助于优化公共空间的设计和规划，提升其功能性、审美性和人文关怀，为居民提供更好的城市公共空间体验。

（四）缺乏长期监测与评估

城市公共空间的设计和规划是一个持续的过程，需要进行长期的监测和评估。然而，目前缺乏对城市公共空间的长期效果和影响的跟踪研究，对城市公共空间的评估往往仅限于设计阶段或短期的使用阶段。一些公共空间项目在设计和建设完成后，缺乏对其实际运行情况和效果的长期监测，这使得我们难以全面了解公共空间的使用情况、居民的满意度以及可能存在的问题和改进的方向。

长期监测与评估的重要性在于，它能够提供公共空间的实际运行情况和效果的数据支持，为决策者和设计者提供参考和依据。通过长期监测，我们可以了解公共空间在不同季节、不同时间段和不同活动中的使用情况，评估其在功能性、舒适性和可持续性等方面的表现。同时，还可以了解居民对公共空间的需求和满意度，以及可能存在的问题和改进的方向。

在实践中，应建立起长期监测与评估的机制和体系。这包括定期进行居民调查，使用观察和统计分析等方法，收集关于公共空间使用情况、用户体验和满意度的数据。同时，还应加强对公共空间功能、环境质量、社会互动和城市形象等方面的评估，以全面了解公共空间的效果和影响。

此外，需要加强研究机构、设计师和政府部门之间的合作与交流。通过合作开展长期监测与评估研究，可以共同解决公共空间设计和规划中的问题，并为实际的改进和调整提供科学依据。

通过加强对城市公共空间的长期监测与评估，我们能够更全面地了解公共空间的运行情况和效果，发现问题并及时进行调整和改进。这有助于提升公共空间的质量和功能，满足居民的需求，创造更好的城市公共空间环境。

第三节　城市公共空间设计的美及价值

一、城市公共空间设计的美

城市公共空间在设计时如果缺乏审美思维，不仅达不到应有的艺术效果，还会引起公众的反感，甚至成为公众的笑柄。这也意味着城市公共空间的设计不再局限于空间规划和建设期限的讨论，还必须符合一定的公共审美价值。

（1）城市公共空间的设计应该使用一种简洁、易懂、通用的审美语言。城市公共空间的设计使用必须具有一定意义的公共设计语言，符合普通使用者的心理水平。

（2）城市公共空间设计要符合时代之美。传统的城市公共空间政治色彩浓厚，大部分公共空间是统治阶级意识形态和宗教信仰的产物，很少用于反映公民文化。但是，随着城市的发展，城市的公共空间被嵌入城市，城市规划者用各种各样的表现手法来改善和美化我们城市的公共空间，试图实现传统单位和现代新形式的完美结合，以及功能和美学的统一（图2）。

（3）城市公共空间设计要反映出所在地域的审美特征。文化是一个民族和城市的灵魂，传统文化在城市规划中具有相当重要的地位。考虑到现代城市公共空间设计中本土文化流失的问题，设计师应注重本土文化，结合本土历史背景和风土人情进行设计，通过吸收和提炼的方式展现本土特色，从而创造出具有民族审美价值意义的公共空间（图3）。

图2　城市公共空间的设计美

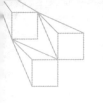

图3　橘子洲头

（4）城市公共空间需要体现出自然美与生态美（图4）。每个城市都承载着自己独有的地域风情和地方特色。在规划城市公共空间时，要充分考虑市民大众化和普遍性的特点，城市公共空间的规划设计要结合地域特色和文化，以原始地质地貌和自然景观美为设计核心。

图4　生态化的城市公共空间

二、城市公共空间设计的价值

（一）社会学价值

开放性是城市公共空间的重要特征之一，正因如此，公共空间在城市中具有重要的社会功能，它能促进人与人之间的真实交流。空间之所以有公共性的根本原因是人的社交性，社会的人在空间中交流，从而对空间进行宣传。

公共空间是每个公民行使权利的场所。虽然属于公有领域，但公民对其使用有一定的限制。一般来说，城市公共空间可以免费使用，大部分市民可以共享公共空间的设施和服务，无须直接支付高昂的建设和维护费用。公共空间相对民主，可以缓解居民身心压力，促进不同身份的居民之间的了解和交流，在一定程度上能缓和社会矛盾，促进社会安定和谐。

公共空间能够有效影响公共生活有以下几个重要原因：

第一，公共空间直接容纳人们在空间内进行活动，人们可以通过语言和行动直接、公开地表达自己的愿望，并进行面对面的交流。对共识的追求在一定程度上影响着政治的稳定和社会发展的方向，尽管这些言行往往受到一定的限制或规范。

第二，公共空间作为公共产品也体现了平等和民主的原则。作为公共财产，公共空间不具排他性，同时也具非竞争性。所谓排他性是指有些人使用公共空间时，没有权利或理由阻止其他人使用。公共空间使用人数的增加不会造成运作公共空间的成本相应地增加，此即公共空间的非竞争性。

第三，公共场所的活动往往是随机发生的，具有高度的偶然性。人类活动不仅可以由环境触发，也可以由其他人的活动触发。这项活动不是强加给公众的，而是公众意志的自由表达，一些突发事件增加了公众生活的趣味性。

第四，公共空间所容纳的活动包括心理和生理两方面，公众不仅可以在休闲场所和公共场所满足健身、娱乐、休息和表达的欲望，还可以享受心灵的放松。

第五，公共空间还可以展示公共艺术作品，这可以让没有接受艺术熏陶的部分公众享受艺术品所带来的美的体验。公众在欣赏过程中，不仅可以有自己的见解，还可以与其进行互动。公共空间中的艺术品展示，使艺术从高雅殿堂走向基层，对大众的影响是直接的、微妙的、自然的。公共艺术作品不仅提高了公众的艺术素质，而且通过作品与公众的接近程度，构建了影响艺术家创作的反馈、批评和控制机制，进一步增加了公众的参与感和社会性责任。

由此看来，公共空间设计需要考虑各方面的因素，只有这样，城市的公共空间才能完全公开，被人们所接纳。

（二）生态价值

在城市空间设计中，将景观生态学的研究理念引入其中，可以更科学、更环保地处理好人与空间的关系。根据理查德·T.T.福曼的景观生态空间分析理论[①]，如果将城市群视为街区，那么自然就是矩阵，而城市开放空间恰恰是矩阵保存得最好的地方。换言之，开放空间是城市中最具生态价值的空间，生态系统大多集中在开放空间中，是城市中人们与自然直接接触的最重要的区域。

公共空间由土地、水、植物、建筑物和人行道等物质要素组成，共同构成城市的自然和人工环境。设计师必须在微观、中观和宏观尺度上充分考虑部分自然环境的生态价值。作为公共空间的主要基础，它是人类赖以生存的基础资源，是多种生态系统服务的提供者。[②]

① [美]理查德·T.T.福曼著.土地镶嵌体：景观与区域生态学[M] 朱强，译.北京：中国建筑工业出版社，2018：14-16.

② 生态系统服务功能是指生态系统与生态过程所形成及所维持的人类赖以生存的自然环境条件与效用。生态系统服务是人类从生态系统获得的利益，与商品经济中所说的有偿服务不同，生态系统服务只有一小部分能够在市场上买卖，大多数生态系统服务是公共产品或准公共产品，它们无法进入市场流通，而是大量存在于公共空间中为公众所分享。

（三）美学价值

自然是人类最早的审美对象。地球是人之母，人是自然之子，人与自然是亲密无间的。对于自然景观，人们总是习惯于以审美的眼光去感受、体验和欣赏，自然的审美价值是得到认可的。对于城市来说，情况并非如此。城市是人类改造自然的结果，人们并不总是满足于自己创造的人造自然环境，这就导致城市和城市公共空间所涉及的美学问题比仅与自然世界相关的问题要复杂得多。

城市的公共空间一方面可以唤起人们对原始自然的美感。这种美感可以来自城市公共空间的原始性，也可以来自人为的表达原始性的审美。另一方面，它也可以让人对自己的创作和创造力有一种审美体验。

为了让城市居民不至于失去对城市公共空间的认同，创造符合现代城市公共空间实际情况和居民需求的审美标准是首要目标。城市公共空间的美学问题是这一新型美学中的首要问题，因为其基本特征主要是由城市公共空间的位置、公共空间与周边城市环境的关系、空间界面的设计和其他因素决定的。城市公共空间创造了一个人类可感知的环境，这也影响和决定了人们的行为、习惯和社会生活。

现代城市公共空间审美之所以受到诟病，虽然与环境质量恶化、设计标准低下、社会生活不平等、运行机制不完善等有很大关系，但最根本的原因之一往往是无法提供有归属感的空间，所谓的"空间"只是变成了与人无关的洁净空间，人迷失在钢筋水泥的空间里。根据理论家诺伯格-舒尔茨[1]的场所理论可知，场所是一个独特的空间，是一个人在其中发挥主要作用的空间，是可以被人们认可的空间，还是可以定位和形成自己感觉的空间。场所性是以人为本的空间的基本属性，空间及其特征共同构成了场所。这就说明了场所是一个有意义的空间，它的形成过程十分缓慢，在进化过程中不断变化，以满足环境和人的需要，同时积累了深厚的文化底蕴，保持了历史的连续性。这些公共空间不仅各具特色，而且也滋养着人们的心灵。

① [挪威]诺伯格-舒尔茨著.现代建筑原则[M]高军,译.天津：天津大学出版社，2015：113-115.

017

绪论

要设计现代城市公共空间，就应尽可能地发挥地域文明的不同特点，抵制强烈的文化同质化，努力打造属于现代生活的新型城市文明，因为过去留下的城市公共空间或许有很大的价值，但不足以满足现代生活的需要。经过对信息特征的记录和创造，将城市公共空间转变为提供审美感知和体验的空间，从而具有审美意义。这种审美不仅是视觉上的，也是内在的，它依靠人们的行为体验，让公众认同空间，不再有公共生活的界限和障碍，只有这样的空间才能真正具有审美维度。

第一章

中国城市公共空间的嬗变

　　城市公共空间的发展与过往城市的发展密不可分。了解从古至今的城市基本发展脉络，就能了解城市公共空间与城市的关系。随着时代的不断前进，中国城市公共空间的发展始终伴随着城市化进程的变化，上演精彩篇章，最终形成具有中国特色的城市公共空间。本章将对中国城市公共空间的嬗变展开论述。

第一节　古代中国城市公共空间

一、先秦时期的城市公共空间

在城市形成之前，原始人类因为生存的需要而成群结队地生活，因此当时他们有公共生活，这也就意味着他们有公共活动场所。据考古发现，北京周口店北京猿人成群结队地狩猎、聚集，以周口店龙骨山洞为中心的室内外空间就成为他们的公共生活场所。

尽管中国古代对广场的概念与西方不同，但不可否认的是，中国的"广场"可以追溯到原始社会晚期，距今六七千年前的陕西姜寨地区有4000多平方米的公共空间，大约同时期的西安半坡地区也有类似的空间。

除了天然洞穴，原始人逐渐开始早期建造。在以仰韶文化为代表的母系氏族社会中，人们定居并建造房屋和原始聚居地。该定居点位于西安半坡村，住宅区北面有一座公共墓地。住宅区中间是一座12.5米×14米的大房子，用于公共活动。住宅区之间的外部空间是一个圆形的公共活动开放空间，主要是用来谈话、祭祀、占卜、歌舞的公共场地。

夏朝陆续迁都，从河南登封和山西夏县出土的夏代城址来看，夏代都城的方正朝南布局为北方城市所继承。属于二里岗文化的郑州商城，基本可以代表商代中期都城的布局，周长近7000米，规模宏大。商代晚期的殷墟面积与郑州商城相近，一系列门、厅、院沿南北纵轴排列，为中国古代公共空间设计的布局奠定了基础。

河南洛阳发掘的西周洛邑王城在设计布局上与西周的政治文化状况有着密切的联系。西周时期，实行集权征伐制度，在空间规划中强调城堡的主导

021

地位，以宫殿区为中心，整座城市对称整齐。①西周王城的设计布局对春秋以后至明清各朝的都城都产生了深远的影响。

二、秦汉时期的城市公共空间

秦朝重视防御的规划建设，将各国的长城组合成统一的军事城防体系；设立36个省；开通通向不同地方的路线。例如咸阳特建直达北部边境的线路，这种设计加强了全国的交通网络。在秦朝都城的设计和建造中，深受古代《易经》和祭祀思想的影响。从国家层面看，秦代城市空间规划建设不仅体现在首都建设上，还对道路、城市交通网络、军事防御系统、供水系统等产生了较大影响。在这些方面，秦朝都有了开创性的发展。也就是说，首都的规划建设不仅考虑了交通和军事防御设施的要求，还考虑了城市与地区的空间关系。

秦汉时期是中国古代空间设计史上的鼎盛时期。雍城是秦历史上非常重要的都城。雍城的设计具有严谨性，整个城市可以说是一个精心规划的空间设计。整体结构由城址、陵墓区、墓地和离宫别馆四部分组成。雍城的南边有一座墓地，旁边是秦公墓地，与雍城隔江相望。离宫别馆的附属建筑位于城市的东、南和西三面，像星空一样守护着首都。此外，秦都咸阳的空间设计布局打破了传统的城市体系，独具匠心。②

长安是西汉的都城，西汉时建造了宏伟的宫殿、寺庙、陵墓和花园。长安的面积在当时大约是公元4世纪罗马面积的2.5倍。长安大面积考古发掘

---

① 成书于战国时期的《考工记》中记载了洛邑王城，其大意为：匠人营造的王城呈方形，每面九里，各开三座城门，城内有九条横街，九条纵街，每街宽可容九辆车子并行；城中央为宫城，在宫城左边设宗庙，祭祀周王祖先；右设祭坛，祭祀土地之神"社"和五谷之神"稷"。前临外朝，后通宫市；宫市和外朝的面积各方一百步。

② 《三辅旧事》中有"离宫别馆，弥山跨谷，辇道相属，木衣绨绣，土被朱紫，宫人不移，乐不改悬，穷年忘归，犹不能遍"的记述。它生动具体地反映了离宫的恢宏华丽。

揭示了长安古城的面貌。这些场地的空间设计层次都在一个垂直和水平轴上，具有完全对称的布局方法，外墙为方形，两侧为门，四个角与一幢方形房屋相配，院子中间有高起的方形夯土台。

个别平台尚有柱式基础，可以断定原平台是用严密而雄伟的木结构建造的。这些纵轴先进的空间布局方式不仅存在于当时的建筑、陵墓中，而且对唐宋后期和明清时期的空间布局也产生了深远的影响。在建筑材料、技术和艺术方面，陶质材料和石材的比重迅速增加，品种多样性大大提高。中国古代公共空间建筑的结构体系和一些形态特征在汉代已经定型。从中国古代公共空间建筑布局的发展来看，汉代是继承和发展前人成就的重要时期。

秦汉时期的园林建设是一项成就。据记载，秦始皇在咸阳渭水以南建造了一座森林园林，园内还有阿房宫等其他宫殿。汉武帝年间，秦上林苑修复并向外扩建至150千米。除狩猎设施外，还建造了70座离宫，以及其他各种娱乐设施。上林苑可以说是一个非凡的秦汉园林设计实例。又如长安西郊的建章宫。宫中有太液池，池内有蓬莱、方丈、瀛洲三岛。这种"一池三岛"的设计意义深远，影响着其后的园林布局。正因为如此，后续的皇家园林总是参照自然景观形式进行设计，规模相当大。

总体而言，秦汉时期对于城市空间的布局非常关键。汉武帝开辟西域之路后，从都城长安到西方的丝绸之路越来越畅通。从河西走廊到阳关、敦煌，城市逐渐发展起来，佛教等外来文化也传入中国。在城市和主要街道上人员聚集的地方开始大量建造寺庙。这一时期的一个重要代表城市是东汉洛阳，其都城空间规划井然有序。

---

① 包括城墙、城门、道路、武器库、长乐宫、未央宫、桂宫、北宫、东市、西市、西郊的建章宫和南郊的13座礼制建筑（明堂辟雍、宗庙、社稷坛等）的位置与范围。

三、魏晋南北朝时期的城市公共空间

魏国国力最强，以曹魏邺城和洛阳城为代表的城市空间布局对后世有着重大影响。与以往的不规则形状不同，邺城呈规则的长方形，东西长，南北短。宫殿和住宅区是分开的，中间是南北中轴线，两侧是重要的宫殿，前后形成朝廷和卧房的格局。邺城工整的中轴线环绕着都城，体现了中国古代帝王思想，为唐代都城长安城的设计提供了典范。

魏建国前在邺城的基础上进行改建，西北角城改建为宫城，东有听政殿和魏王府，城内的正殿礼堂文昌宫则位于西面，形成南北两条轴线，南端各对翼宫门，为城中轴线。文昌殿以西为苑囿区，西至西城。城中建有三座高塔，统称三座铜雀楼，名为幽尚。

南北朝时期，都城和宫殿发生了重大变化，梁朝的建康是当时最为繁荣的商业中心。公元493年，北朝北魏为了与南朝抗衡，将都城由北平城（今山西大同）迁至中原洛阳，大力推进汉化，并在重建的城外发展了外网格道路，形成了中国城市空间布局的新形式，为隋唐长安城的修建奠定了基础。

总体而言，在都城空间规划设计中，北魏帝王在大同、洛阳先后创建的云冈石窟和龙门石窟，极大地改变了都城规划的有限空间，将其拓展到广阔的地域——郊区的山脉和河流。隋唐时期洛阳城迁徙的原因正是由于龙门石窟的兴起，当时洛阳城在建设中特意讲究中轴线与石窟的龙门对齐，可能蕴含着某种寓意。

四、隋唐五代时期的城市公共空间

隋初，建立了大一统的局面，隋朝建大兴城、洛阳城。大兴城位于汉代长安东南关中，总面积80多平方千米，是古代历史上规模空前的新型特大城市。大兴城空间规划的主要思想是建设一座史无前例的大城市，可以代表一个伟大的帝国。在建筑技术上，决定先修城墙、修路，再建里坊内的房屋，空间布局与北魏邺城相似。里坊制作形式比邺城更紧凑、更整洁。为避免与长安（汉）城南城墙矛盾，将北城墙一线位于汉长安之南，为广场，此地还是有一定弱点。一是宫城没能利用好原有的龙寿的原始高地；另一个是只出现在地势最低处（包括不高的宫城）的中间区域，雨水很难排出。后来到了唐代，在东北城墙内，大明宫向北扩展，利用龙寿的原始高地克服了这一缺陷。然而，隋朝并没有完成大兴城的空间规划和建设就灭亡了，洛阳城也是一样。

唐代的城市空间规划，主要特点是深受传统文化和外来文化（如佛教）的影响，这一点在国都长安以及扬州、南京、苏州等江南城市都可以清晰地看到。国都长安在隋大兴城的基础上进行了丰富升级。

根据考古发掘，长安城里坊是一个封闭的空间，有墙壁围成的空间和不同大小的广场。广场的内部呈十字形或之字形。城里有几百个广场。每个广场至少有一座寺庙，有的寺庙占据了一个广场。当时的寺庙是居民的公共场所。大明宫耸立在宫墙之上，这是一座建于唐初的大宫殿，宫殿后面有花园。大明宫的整体布局体现了唐代开放式的设计。为方便与南方的曲江塘、慈恩寺等景点相连，在东城墙内专门修建了皇帝专用的廊道，廊道同时穿过行宫。这种待遇有点类似于秦朝的"复道"。曲江池位于城南，是文人墨客的公共休憩之所，这在此前的京城中是少有的，是唐朝政治文化开放繁荣的象征。唐朝还对全国各地的建筑、平台、亭台进行了整修，如江南三大名楼——黄鹤楼、岳阳楼、滕王阁，都是在唐朝修建的。

五、宋辽金西夏时期的城市公共空间

北宋都城汴京（东京城）和南宋都城临安都更加注重空间规划。北宋初年，出现了商业道路的形式，城市交通更加繁忙，水路逐渐发达。汴京城开了系统引水入城的先河，除了有护城河的三联城墙外，还有四大河流入城。三套东京城墙和三套护城河逐渐扩大，体现了当时的防御需要。整个城市的街道相交，形成一个规则的网格。此外，全市有5条坡道，是城市逐步发展的结果。从北宋著名的《清明上河图》可以清楚地看出城市的功能变化。

北宋汴京城的三重城市体系、富丽堂皇的市中心、网格状的道路特色，是中国古代城市空间规划的典范，对后世影响巨大。城市空间的总体格局虽然保留了皇权至上的设计理念，但其发展反映了中国封建社会城市经济的繁荣和市民阶层的崛起。夜市的盛行表明宵禁制度的消失，城市居民的日常生活自由度显著扩大，街道成为居民日常活动的场所，城市开放空间首次获得超越技术功能需要的意义，是中国城市发展史上的一个重要转折点。

在南宋都城临安城的空间规划建设中，注重尊重礼仪规则，将宫殿区域规划得对称有序。

总体来说，宋代城市的公共空间虽然不如唐代大，但技术成熟，风格更加美观多变，在布局和形式设计上出现了几项新技术，具体体现在以下几个方面：

（1）城市空间结构布局与以往有很大的区别。唐朝之前的封建都城实行宵禁、留坊制度，大部分人口在夜间被关在里坊，并有守卫看守，以确保城市的安全。到了宋代，手工艺和日益增长的商业需求打破了这种制度。例如，汴京已经成为一个完全开放的商业大都市。昔日封闭的里坊变为沿路建店的一种方式，交通、商铺、桥梁等公共空间开始出现并获得发展。

（2）在空间规划上，加强空间层次的纵深方向，突出主体建筑。例如，河北正定的龙兴寺是一个沿着南北轴线的狭长矩形。由于建筑规模和庭院空间的变化，轴线长而不生硬。

（3）园林兴盛。宋代建造宫殿和花园成为上流社会的普遍做法。北宋都城建有许多园林和私家园林，西京洛阳是贵族和官僚退休后的休憩之地。北宋末年，徽宗在宫城东北建了一座豪华的花园，名为"艮岳"，并请漕运船从南方采集和运送名贵花石，成为历史上著名的奢侈荒谬事件。南宋时期，京城临安（杭州）、湖州、平江等地修建了多处园林别苑。这种园林的兴盛，一方面体现了统治者的腐败，另一方面也体现了宋代城市空间设计的发展。

与宋朝并存的辽、金等，不仅沿袭了汉唐风格，在城市公共空间的设计上也具有各自民族的特色。辽朝的建筑沿用了唐代北部的传统做法，工匠多为汉族，所以辽代的建筑更多地保留了唐代的遗风。

金朝的统治者崇尚奢华，建筑的装饰和色彩都比宋朝更加奢华。金朝模仿宋朝，用大量汉人工匠建造了中都（今北京）。因此，金朝的公共建筑既继承了辽朝的建筑传统，又受到了宋朝公共建筑风格的影响。金朝现存的公共建筑有些像辽朝的，又有些像宋朝的，如金中都的一些宫殿都铺上了绿色琉璃瓦，桌子和栏杆都是汉白玉。

六、元朝的城市公共空间

元朝统治者广泛使用汉文化，因此城市具有汉族建筑的风格，就像元上都早期的都城一样。元代大都的空间设计和建设说明当时的城市测量技术已经有了一定的水平。对称和轴线的严格布局以及层次分明，都可以说明礼制的想法进一步得到了落实。值得注意的是，大都城是钟楼和鼓楼位于城市的几何中心，而不是皇帝的宫殿。这种设计思路可能是设计师认为钟楼和鼓楼更能代表礼制的崇高精髓。

元大都的设计完全避开了金中都的废墟，但包括了完整的万宁宫和附近的大湖（海子）。因此，它的建造是在一座宫殿建筑上进行的，其中心是湖泊。整个城市模型沿用北宋东京城的形状，由外城、皇城和宫城组成，每重城都有自己的城墙。城墙是用压实的泥土砌成的，上面覆盖着芦苇。宫城城墙内建有四座塔和六座门，除南边三门外，其余三边各一门。宫城有朝堂和寝室两间，呈工字形，两间也有城墙保护。城西南的平治门建有神龛，城东南的七华门建有太庙，商业市场集中在城北，是最大的商业中心。[①]

元大都道路设计整齐，相互分隔清晰。考古发掘证实，大都中轴线上的主要街道宽度为28米，其他主要街道宽度为25米。由于城市的轮廓是方正

---

① 第一处是皇城北部积水潭（海子）、东北岸斜街（称斜街市）以及钟鼓楼周围地区；第二处在皇城之西顺城门内的羊角市，这里多南方、西来商贩所居；第三处称旧枢密院角市，在皇城之东。大都的官署衙府的布局则较为分散，不像唐宋都城那样集中。

的，街道笔直而规整，城市格局令人印象深刻。不规则园林与规则街道网格的巧妙融合是元大都设计的大胆创举，但总体而言，元大都设计最大的特点是对唐宋以来传统设计的继承和发展。宫殿的总体结构以宫城为中心，在中轴线上形成对称布局，体现了传统儒家封建社会的居中、正直、权威的观点，利用空间环境布局烘托至高无上的皇权。

妙应寺（又名万安寺）始建于元世祖忽必烈在位时期。其主体建筑大圣寿万安寺塔，由尼泊尔工匠阿尼戈设计。这座宝塔类似于印度的窣堵波。由于这种塔多建于唐后的喇嘛庙，故又称喇嘛塔。元、明、清时期，这些喇嘛塔多为佛教文物、名僧墓塔和名胜佛塔。[①]

七、明清时期的公共空间设计

明清时期的北京在元朝都城的基础上进行了改建，形成了统治国家600多年的国家政治中心。明清两朝的都城和宫殿都极力体现皇权至上的思想，由于财力物力的集中，工匠技艺的精湛，在中国建筑史上占有重要地位。

北京城始建于明代，是我国城市规划史上最辉煌的杰作。在建设之初，空间规划与建筑设计的构思大部分都是江浙地区的工匠提出的。江南工匠技艺精湛，文化素质高。北京城建造时，城市空间考虑周全，规模合适，建筑得体，布局谨慎。北京城的规划体现了礼教思想的精髓——中庸之道，礼教思想和谐地流淌在城市的布局中。

明朝时，北京城分为宫城、皇城、京城三层。宫城基本保留了元朝都城的位置和规模，集中紧凑。南北长960米，东西宽760米。城墙高大，四角建塔，左右各一门：东华门和西华门对着两条街，南面是凹形午门，北面是玄武门，面向景山。宫城内，三座气势恢宏的大殿和前方的广场占据了整体，形成了一条严密的中轴线，玄武门外，每四天就有一个集市。皇城的形状和

---

① 最著名的有北京妙应寺白塔、五台山白塔、北京北海白塔、扬州瘦西湖白塔。

规模变化不大，包括三海和紫禁城。南北长2759米，东西宽2500米，周长1万米。南门为承天门（清代称天安门），后为"左祖右社"，前为千步廊，第一门为大明门（清代称大庆门），后为正阳门，两侧为正阳门。五个都道府县和六个机构的行政机构。千梯廊是一个T形围合的宫殿广场，南北长540米，东西宽65米；而天安门广场前的水平广场长为125米，东西宽365米。整个千步廊占地6.9万平方米，用严谨的几何图案勾勒出天安门广场的辉煌。与元朝的都城相比，京城内城向南缩小了2.5千米，宫门前的皇道向南延伸。核心城南北长5700米，东西宽7000米，包括皇城在内，总面积39.9平方千米。城内有九座城门，与城外相连的南侧有三座城门，另外三侧各有两座城门。外城紧邻内城，南北长3100米，东西宽7950米，面积24.6平方千米。明朝以后，由于人口快速增长，新城原计划围绕市中心形成四层同心的城市体系，但由于资金不足，只建了南城，最终形成了明清时期的北京规模。[①]

北京城的街道基本上是元朝的基础。皇城在中间，交通不便。城市的主要街道是上述中轴线和通往城门的道路；外城扩建后，崇文门、宣武门郊区以及连接两地的小路也成为主干道。街区上，元大都胡同也得到了继承。皇城周边住宅划分为5个城市37个广场，仅用于城市土地管理单位，不是严格的方形墙壁和方形门的广场。胡同一般有并排的四进院落，三进多为南进，且院落种树；虽然整个区域没有中央公共绿地，但整个城市也沉浸在绿色的基调中。内城市主要居住着官僚、贵族、地主和商人；普通市民住在外城。胡同居民主要使用人工井取水，根据人口密度和街道大小，每条街道上的水井数量不同。

长城虽然可以追溯到战国和秦朝之后，由汉、隋、唐三朝先后修建完成，但最重要的改进发生在明朝。明墙是规模最大、建筑最完整的。在长城历史上最好的建筑和城墙（关）是明朝建造或增加的。

① 蔡永洁.城市广场历史脉络·发展动力·空间品质[M].南京：东南大学出版社，2006.

第二节　近代中国城市公共空间

一、鸦片战争到甲午战争（1840—1895）

　　这是现代西方建筑开始向中国传播的阶段。帝国主义在中国的商埠租界区兴建了大量的新建筑，如领事馆、银行、住宅、饭店等，在大陆上也零星出现教堂建筑。这些建筑多为当时流行于西方的混合砖木结构，以古典欧式风格居多，也有券廊风格，预示着中国建筑开始突破封闭状态，并且正在创建一个新的建筑系统。

　　1898年的沙俄时期，大连制定的分区规划以圆形广场和放射状道路为城市框架。当时的尼古拉耶夫广场（现为"中山广场"）是位于市中心的大型圆形广场，直径213米，街道四通八达。整个广场开阔、大气、空间协调，更注重组合形式，功能上主要是交通广场（图1-1）。

图1-1　现在的大连中山广场

二、甲午战争到五四运动（1895—1919）

在此期间，中国国有企业持续增长。辛亥革命后，少数海外建筑设计专业学生毕业回国，于是第一批设计师诞生了。基于建筑材料和建筑结构的日益发展，采用西方建筑体系已成为我国工商业和城市生活的共同需求。

公共空间的发展离不开城市的发展，中国公共空间的发展与中国地方城市的现代发展密切相关。西方现代城市的发展始于第二次工业革命，而中国城市的现代化转折点是1908年1月民政部发布的《城乡地方自治条例》。但直到1927年南方政府统一中国之前，在各个军阀共享的空间中，城市建设仍缓慢且规模小。这一时期，中国城市公共空间的发展主要以外国人多的城市为代表。例如，20世纪初，在日本和俄罗斯管辖的中国城市哈尔滨、大连和长春，日本和俄罗斯的设计师设计了放射状的林荫大道，并在道路和一些广场的交会处建立了圆形广场。还建有标志性建筑，如哈尔滨圣尼古拉斯东正教堂（St. Nicholas Central Church）。这种风格的公共空间是西方城市美化运动的延续，该运动将其传播到殖民领土上。

三、五四运动到抗日战争爆发（1919—1937）

031

这是中国现代城市公共空间规划开始发展的阶段。在这一时期，设计技术得到了极大的发展。许多高层建筑，大型、长期、复杂的项目都有较高的施工质量。部分公共空间建筑在设计和技术设备方面赶上了国外的先进水平。从国外回国的建筑师介绍和传播了发达国家的建筑技术和理念。

1927—1937年是中国城市化的黄金时代，也是城市空间规划和建筑设计与其他现代产业快速发展的时期，这10年的设计思想和实践为之后的设计奠定了基础。这一时期出现了中国最早的现代城市规划纲要《首都计划》，它被称为"完美城市规划"。[①]《首都计划》是1929年中华民国政府实施的城市建设规划，也是当时的南京城市建设规划纲要。它以欧美模式为基础，如规划计划、规划方法和规划管理等诸多方面，率先在中国现代城市规划中进行实践。《首都计划》的提出，在宏观层面是要利用"欧美科学原理"和"中国艺术优势"[②]作为设计原则，在微观层面是要利用中国传统设计模式。首都地区的道路系统引入了新的规划理念和内容，如林荫大道、环路、圆形辐射和矩形路网，城市道路的逐步完善，使它成为当时和未来重要的集会和游行场所。《首都计划》不仅影响了南京的城市规划和公共空间的发展，也影响了中国许多城市的规划。

《首都计划》的真正价值不仅在于南京的实践，更在于现代城市规划理论和方法在中国的传播。它也对中国许多城市的现代公共空间的发展产生了更深层次的影响。由于篇幅的限制，以下仅列举一些具有代表性的城市公共空间设计作品。

1914年，墨菲从耶鲁大学建筑系毕业，开始设计北京燕京大学、清华学校北京纪念塔、教堂的校园。后来，他担任州政府的建筑顾问。它的设计思想对20世纪30年代中国本土文化的传承影响很大。燕京大学（现叫北京大学）采用中国传统高顶建筑并加以改进（图1-2），采用造型新颖的红色半圆柱和三角庭院组合，与自然和谐相处，是国外建筑师采用中国建筑风格设计的优秀作品，也是这一时期的文化体现。

南京中山陵始建于1926—1929年，由吕彦之设计。在中山陵的设计中中西思想相互融合，为中国固有的建筑文化与现代先进工程技术相结合开辟了一条光明之路（图1-3）。

北京图书馆（旧图书馆），建于1928年左右，由外国建筑师设计。位于北海西岸，采用中国固有文化，增添了与环境相协调、具有强烈创新精神的平台和基础，深受广大市民喜爱。

---

① 国都设计技术专员办事处编.首都计划[M]王宇新，王明发，点校.南京：南京出版社，2006：10-18.

② 国都设计技术专员办事处编.首都计划[M]王宇新，王明发，点校.南京：南京出版社，2006：10-18.

广州中山纪念馆和中山纪念碑，建于1928—1931年，由吕彦直设计。广州中山纪念馆和纪念碑（纪念碑位于大厅后面的白云山上）与1930年代建成的广州市政府一起形成了新的城市轴心，是中国城市文化传承的最重要范例之一。纪念馆的原始形式开辟了大跨度钢筋混凝土建筑的形式的先河（图1-4）。

图1-2　北京大学一角

图1-3　南京中山陵音乐台

图1-4　中山纪念馆一角

　　位于上海外滩的中国银行，建于1936年。由日本设计师公和洋行和中国建筑师陆谦受共同设计。这一设计在外滩数十座西方古典、新古典装饰建筑中独树一帜，它采用简约的中国传统造型，有丰富的框架层次，简约、欢快。它也是外滩中部重要位置的高层建筑，是一个焦点，彰显了中国建筑师的才华。该外滩建筑是一个十分抢眼的地方，受到人们的喜爱。

　　上海市江湾市政府大楼，建于1932年，由董大酉设计。1930年，市政大楼是大上海城市规划中心核心区的主体建筑，拥有大型传统中式屋顶和延伸码头。建筑设计更为严谨，代表着当时民族文化的复兴。此外，还有许多具有古典主义风格①与新古典主义风格②的作品。

---

① 南京中山陵，广州中山纪念堂，北京燕京大学、协和医学院，上海圣约翰大学、江湾市政府大楼，南京金陵大学，武汉大学等，都可以称之为古典主义风格作品。

② 上海中国银行、大新公司、聚兴诚银行，南京中央医院、原国民政府外交部、北京大陆银行等，可以称之为新古典主义时期的代表。

四、抗日战争爆发到中华人民共和国成立（1937—1949）

这是中国现代建筑萧条和停滞的时期。这一时期，由于日本侵华战争的破坏，中国的公共空间建筑不仅停了下来，许多古建筑公共空间也被毁坏。

第三节　现代中国城市公共空间

一、1949年至改革开放前的现代中国城市公共空间

中华人民共和国成立初期，人民政府采取较为宽容的政策，以使经济能够从战争中迅速恢复，同时在紧迫的时间内加紧对城市公共空间的设计。虽然初期资金的匮乏，但全国人民积极参与新建筑、新空间的建设。这一时期，中国城市公共空间的发展受到"苏联模式"的影响，具有独特的发展背景。

中华人民共和国经济规划的头五年，国家急需建设具有大型产业合作设施的工贸系统城市，以配合苏联支持的156个重点项目的大规模产业建设。这一时期引进了"苏联模式"。

总体而言，这一时期的城市规划建设工作为中华人民共和国成立之后的城市空间规划建设奠定了创新基础。对苏联的综合研究，包括一整套适应我国现代城市规划和建设体制的城市规划理论和方法，具有严格的计划经济体制的特点，也具有"古典"形式主义特点，在城市规划中强调平面构图和立体轮廓，注重中轴线、对称、双周边邻里街景等古典形式主义。此外，还有所谓的"四过形"效应，即"规模过大、占地过多、求新过急、标准过高"，

035

忽略了设计经济之类的东西。

可以说，这个时代城市公共空间的设计和风格受到了苏联"古典形式主义"模式的影响。城市空间的总体规划更多地涉及概念和构图艺术，并且经常强调对称式轴线干道系统。城市公共广场基本上都设计在市中心，且每个城市都有，多为路口交叉口的交通广场。在一些城市，公共空间的设计直接由苏联专家指导，因此公共空间的形式和风格明显具有苏联色彩，广场形态和细节元素都运用了传统西方古典主义样式。

受篇幅的限制，这里主要以北京为例进行论述。天安门广场的建设及其在北京市的位置取决于20世纪50年代初制定的北京总体规划。这是1958—1960年间北京城市建设的重要阶段。这期间，国庆十大人气建筑落成，东西长安街开通，天安门广场改建。建成后，天安门广场这个历史悠久的地方成为首都的中心广场。天安门广场和长安街的改造也成为整个北京发展的中心话题，当时广场的改造方案有几十个，经过归纳筛选比较后形成了新的特色。①该设计保持原有南北轴线，按照原有设计拓展长安街，并设立一条东西轴线，两条线在天安门广场北端交会。为建立起新的公共空间，两侧的许多历史建筑走廊被拆除，原广场南侧的中华门也被拆除，人民英雄纪念碑成为广场的中心。20世纪70年代末，在广场南侧设立了毛主席纪念堂。1999年，广场周边进行了整修，取消了周边的商业广告，恢复了街道的花岗岩，增加了绿化，使广场成为世界上最大规模的广场（图1-5）。

与天安门广场相比，作为城市中心的北京西单文化广场是一个商业休闲广场（图1-6）。广场位于西单商业街南侧，西单路口东北角。1997年9月，该项目被市政府确定为庆祝中华人民共和国成立50周年的献礼工程。根据规划条件要求，将用地建设成以绿地为主要功能，兼具文化、休闲、娱乐功能的城市公共广场，并在地面设置公交车站。竣工的西单文化广场基本实现了规划愿景：广场地下室完全为商业用途，地表以各种造型元素和丰富的地形

---

① 首都的中心广场，要满足游行、集会等庆典活动的需要，人民大会堂和中国国家博物馆分列在广场两侧，其建筑形式和尺度取决于广场功能；广场东西宽500米，南北长860米，占地面积43万平方米。

变化强调空间的轻松氛围。在整个空间造型中，广场北侧的华南大厦中心线延伸为广场的南北轴线，与西单交叉口45°线相交，交叉口成为广场的中心。中心点放置了一个玻璃锥体作为地下购物中心的入口，这也是广场的标志性造型。

图1-5 天安门广场一角

图1-6 西单广场一角

设计始于1959年，建于1966年6月的清华大学中心主体楼，体现了社会政治环境对艺术设计的巨大影响（图1-7）。

图1-7　清华大学一角

20世纪70年代后期，城市公共空间的建设还很少。北京的天安门广场和南昌的人民广场就是典型的例子。同时，在此期间，在全国范围内的一系列活动的影响下，各地重金打造车站广场。个别省会城市和一些地级市相继建成了火车站和车站广场。许多新的建设项目满足了当时人们的交通需求。这些广场的造型也逐渐摆脱了20世纪五六十年代苏联模式的影响，结合城市的环境特点，因地制宜。

与此同时，20世纪70年代后期，新的小型游乐园也开始兴建。在此期间，小型游乐园的建造形式和内容都发生了变化，无论是布局、造型还是建筑草图，室内设计技术都有了长足的进步，为大型游乐园奠定了基础。随着20世纪70年代末的到来，中国城市公共空间的发展历史告别了一段重要而曲折的发展过程。

二、改革开放以来至20世纪末的城市公共空间

改革开放后，社会现代化以及西方科技、思想、文化和艺术的巨大影响，给中国现代艺术设计带来了新的变化。1978年到20世纪末的这些年，是中国以自己独特的方式进入全球化的时期。自20世纪90年代中期以来，"城市总体规划"中的土地规划和人口规模扩张直接反映在当地城市的公共空间建设上。这种"空间扩张"被称为高速发展的典型范式，如山东省济南市的泉城广场（图1-8）、辽宁省大连市的星海广场（图1-9）等。

1998年实施的房改政策给房地产业带来了新的发展，也成为推动城镇化、消费和经济发展的重要动力。一段时间以来，中国的城市空间设计伴随着房地产企业的开发一直在发展，与以往的市政空间及其所承载的公共空间功能相比，这一时期的公共空间得到了全面发展，出现了商业公共空间。

图1-8 济南市泉城广场

图1-9 大连市星海广场

　　我国港澳台地区的艺术设计教育和艺术设计成就对内地美术设计产生了很大影响。我国港澳台美术设计师与大陆美术设计师关系密切。我国港澳台艺术设计师借鉴内地丰富的文化资源，推动了港澳台地区艺术设计的发展。我国港澳台艺术设计师立足民族艺术视野，努力融入世界潮流，取得了巨大的成功。

三、21世纪以来我国城市公共空间设计

　　吴良镛在《北京宪章》中指出，"21世纪将是多种技术并存的时代"。①这里的"多元技术"还包括与空间设计创作相关的各种科学技术。这些新世

---

① 吴良镛.21世纪建筑学的展望——《北京宪章》[J].北京规划建设，1999（03）：10-12.

纪的一系列科学技术从各个角度推动了现代城市公共空间设计的发展。

在科技方面，由保罗·安德鲁设计的国家大剧院（图1-10）于2001年12月13日启动，总投资26.88亿元。2007年9月竣工，12月22日正式开园。安德鲁设计的大穹顶，得益于先进的技术，剧院看起来与之前的形式完全不同。北京奥运会游泳池计划（水立方）的实现也得益于全球最大的结构工程公司ARUP的支持。

图1-10　国家大剧院

21世纪，受后现代主义设计的影响，现代城市公共空间设计中呈现出民族性与时代性融合的多面性发展趋势。在后现代主义设计中，通过运用新材料、新技术和新结构，运用隐喻和符号，实现了与现代空间规划材料的结合。像2008年北京奥运会主场馆"鸟巢"（图1-11），就是中国现代公共建筑设计使用全新思想和方法的一个很好的实例。

2010年，上海世博会的中国展馆体现了当代建筑时代性与民族性的融合。由于中国展馆代表我国的设计水平，因此需要有独特的设计思路，于是设计者在设计之前反复思考了两个问题：第一，如何设计才能整合中国元素，反映出中国的特色，从而体现出中国的民族性特征；第二，如何响应当前的趋势和时代精神，以全新的当代建筑风格向全世界观众展示。简言之，博览会的中国展馆（图1-12）是用现代技术、材料和三维编译法结合传统元素而设计的现代产物。

图1-11 鸟巢

图1-12 中国展馆

此外，位于北京东三环的中央电视台是一个面向社会的公共文化设施（图1-13）。建筑面积47万平方米，主楼高234米。主楼由两个反Z塔组成，由悬臂结构连接，160米高。塔身连接结构采用桥梁施工技术。整个建筑空间虽然看起来是倾斜的，但实际上它达到了中心对称力的平衡，是非常安全的。作为建筑的主体结构，这些钢网并没有像大多数建筑一样隐藏，而是直接显露在建筑外面，强调后现代建筑的未来主义审美情趣，崇尚力量与速度之美。①

图1-13　中央电视台办公楼

————————

① 梁爽，祁嘉华.后现代主义建筑在中国——以鸟巢、水立方和央视新大楼为例[J].华中建筑，2010（7）：3.

第四节　中国未来城市公共空间的展望

一、城市公共空间设计理念方面

设计空间的禁锢、科技对生活的冲击、资本与人口的异化，是造成城市公共空间具有"失落感"的主要来源。城市公共空间的规划理念应逐步消除自上而下的制度安排和僵化的规划，注重市民的体验和居住环境，使城市公共空间成为市民日常需求和归属感的重要载体，提高市民生活的幸福感。

二、城市公共空间设计方法方面

目前，城市公共空间领域已取得多项研究成果，包括城市规划设计、地理学、社会学、政治学等学科，从多角度探讨了构建生态健康的城市环境。总的来说，许多研究仅限于学习本身。事实上，城市公共空间是一个复杂的横向系统，单一的知识及其不同的研究方法与城市的实际发展相矛盾。因此，未来城市公共空间的设计方法应涉及居民对空间的使用、规划和改造，基于合理的措施和标准，通过对土地和道路的走访调查、景观规划记录和空间描述，以获得简单的信息和居民的真实需求。

三、城市公共空间设计内容方面

城市公共空间与社会发展密切相关。当今，城市公共空间设计的弊端不断体现，在未来的城市公共空间规划中，我们应关心如何利用先进技术和信息技术解决社会危机，实现城市高质量发展的目标。

（一）设计回归人本的发展趋势

未来城市公共空间的改造应该以人为本，不采用全面拆迁工程，而是采用人性化的微修模式，打造满足居民需求的动态场地。例如改造北京前门胡同时（图1-14），设计师并没有大规模拆除旧建筑，而是将现有的砖块和玻璃幕墙结合起来，形成一个开放的界面，最终形成集商贸和住宅于一体的具有使用功能的公共空间，彰显老城风貌，提升城市活力。

图1-14　北京前门一角

（二）设计体现人文关怀

美观的设计成为营造人性化公共空间的重要途径。过去，公共空间的设计只关注层次结构、功能布局等宏观方面，而忽略了空间的细节。现在城市的建筑外立面、景观设计和陈设都受到以人为本思想的影响，以人为本思想成为提升公共空间品质的关键。设计师要从人的角度设计公共空间，运用先进的设计手法，满足人们的物质、精神、心理和行为需求，激发公共空间的活力，展现城市公共空间的魅力。

（三）艺术提升活动参与

国内外许多城市都强调公共空间的艺术文化氛围，它增加了人们对公共活动的参与度，文化艺术的介入，增强了城市的活力。强调公共艺术空间的文化性，艺术与活动的结合，可以有效地增加空间的趣味性，吸引公众的注意力，营造出更具活力的广场空间。

（四）营造共享开放的建筑空间

在商业和社区街道的底层，应提供开放空间，以方便市民之间进行交流。建议在繁忙的街道上建造带有拱门、百叶窗、屋顶等设施的构筑物；社区道路和主楼出入口提供持续的防雨保护。

CHAPTER 2
第二章

现代中国城市公共空间设计之方法论

城市公共空间是城市形象的重要组成部分，也是社区的第二居住地，从市民生活的角度进行城市公共空间规划，可以增加城市公共空间规划的合理性，为城市居民创造舒适的生活环境，提高城市的人口素质。本章将对现代中国城市公共空间设计的方法等内容展开论述。

第一节　城市公共空间的类型及组织方式

一、城市公共空间的类型

根据空间的尺度，城市公共空间可划分为宏观、中观、微观三个层次，以此形成完整的城市公共空间体系。

根据区位的层次，城市公共空间可分为城市级、区级和街区级。

根据与这些空间相关的空间和建筑物的形状和规模，城市公共空间可分为单个建筑物周围的城市公共空间、由一组建筑物包围的城市公共空间和一组密闭或封闭的城市公共空间。

根据土地的利用性质，城市公共空间可分为一般居住区、城市绿地开放空间、城市开放空间和公共机构农用地空间。

根据空间的封闭程度，城市公共空间可分为封闭空间、相对封闭空间和开放空间三类。这种分类只考虑了空间的形式，较少关注空间与公众的关系。

根据所有权和使用权的性质，城市公共空间可分为邻里公园、小公园和公有公共广场、私有管理空间但供公众使用、商业广场、大学校园等，私有只为特定人群服务的自由和开放空间。

根据城市空间的地位，城市公共空间可分为一线城市公共空间和二线城市公共空间。

根据自然空间和文化空间的独特性，城市公共空间可分为一般城市公共空间和特色城市公共空间。其中，一般城市公共空间是指公共入口、市中心、主干道、广场、滨水区、步行街、公园等公众广泛使用的空间。特色城市公共空间是指历史街区、文化广场、传统商业街等具有城市特色的城市公共空间。[①]

1993年，国际现代建筑会议（CIAM）通过的《雅典宪章》[②]将城市的主要功能分为四类：住房、就业、交通和娱乐。因此，城市空间分为生活空间、工作空间、交通空间和娱乐空间四种类型，每一种都取决于空间的主要功能。这种功能划分方法是独一无二的。城市公共空间的功能规划本质上是完成复杂的城市空间任务，从而更好地理解和分析其功能，它与城市规划的哲学方法有密切的联系。

根据空间界面的类型，城市公共空间可以考虑由三个要素构成，即基础要素（或下界面要素）、覆盖要素（或侧面界面要素）和设施草图要素（包含公共艺术）。每种空间元素都有不同的表现形式，空间元素的分类不应与空间类型的划分混淆。

此外，开放空间的顶界面也可称为上部界面，它的主体是天空，天空是最自然的元素。它的边界被基面要素和围护面要素所限定，称作"天际线"，也是城市设计的重要内容。有时，上部界面也被人为地划分和覆盖，过于强烈和清晰的划分往往会将外部空间变成内部空间。由于顶面相对于基本界面保持更自然的状态，因此在介绍城市公共空间构件的设计时很少讨论它。

二、城市公共空间的组织方式

城市公共空间的组织方式有多种，这里仅列举几种以供参考。

① 余柏椿. "城市设计指引"的探索与实践——以湖北天门市城市设计指引为例[J].城市规划，2005，29（5）：5.

② 1933年8月在雅典会议上制定的一份关于城市规划的纲领性文件。

（一）封闭空间

它是最原始的空间形式，用于满足人类最基本的需求——安全、庇护和归属感。这种空间被非常有限的围合实体（承重墙、轻质隔墙等）包围，具有很强的领地、安全和隐私感，并且经常被处理成对称、垂直、水平的界面。空间比较封闭，构图比较简单，与周围环境的流动性差。

（二）开放空间

开放空间的开放程度取决于横向界面的各种因素，如侧界面闭合率、开口大小、开合控制能力等。开放空间对外界开放，几乎没有限制和隐私。注重与空间环境的沟通与渗透，注重与对面景观的沟通与渗透，注重景观中的自然元素与周边空间的融合。开放的空间可以提供更多的室内外景观，视野开阔。在很多情况下，室内外空间的过渡空间有高度的流动性和愉悦感，是开放心理在环境中的体现。在使用过程中，开放空间非常灵活，可以更方便改变室内布局。就心理影响而言，开放空间通常是欢快和活跃的。开发空间在景观和空间特征上具有包容性和开放性。

（三）流动空间

流动空间的主要思想不是将空间视为一种被动的静态存在，而是将其视为一种生命力。在空间设计中，流动空间应避免孤立、静止的体量组合，要追求连续的运动空间。流动空间在水平和垂直方向上都进行了象征性的划分，可以最大程度地保持空间的凝聚力和连续性，使视线通透，不阻碍交通或将阻碍降至最低。它是现代建筑语言的一种重要形式。当人们的眼睛移动时，视觉效果会不断变化，人们会有不同的视觉体验。流动空间具有以下特点：

（1）边界开放，空间相互连接。

（2）界面相互分离、穿插。

（3）建筑物本身的结构是动态的。

（4）动态局部空间分区设置。

（四）虚拟空间

虚拟空间是指通过指定界面空间的局部变化重新定义的空间。虚拟空间的范围没有完整的隔离形式，也没有很强的边界，完全依靠部分形体的启示，依靠联想和"视觉格式塔"来划定空间，它被称为是"心理空间"。例如，升高或降低部分地坪和天棚，或者用不同材料和颜色来限制不同空间区域。虚拟空间也可以借助各种隔断、家具、陈设、绿化、水体、灯光、颜色、材料、结构部件和改造来形成。这些因素通常是虚拟空间的主要装饰。

虚拟空间的组成可以利用以下方法：

（1）地面高低变化的限制。

（2）吊顶变化的限制。

（3）结构框架布置的限制。

（4）地面图案差异的限制。

（5）利用家具的摆放位置加以限制。

（6）受材料变化的限制。

（7）使用颜色变化进行限制。

（五）共享空间

共享空间在许多国家享有盛誉。它是整个空间中独立空间单元的垂直组合，尺度往往较大。它模糊了室内和室外的界限。虽然共享空间最初主要用于教堂，但也逐渐被用于其他城市公共空间，如大型公共建筑（尤其是酒店）的公共活动中心和交通中心，含有多功能元素和空间，给人更多的精神和物质选择，是一种多功能、灵活的综合空间。

（六）过渡空间

过渡空间是空间单元的连接体，具有独特的功能，扮演空间导向的助手。一个成功的过渡空间会给整个空间带来秩序。过渡空间的主要应用如下：

（1）用于不同体量和空间类型的衔接点，使空间过渡自然、清晰。

（2）适用于室内外连接区域，突出建筑入口，弱化室内环境。

（七）交错空间

交错空间又称穿插空间，是由两个空间交替重叠而形成的空间。空间的水平和垂直流动具有扩大空间的作用。交错空间灵动，有动感，易于组织和疏散人群。在创作时，水平方向往往采用垂直墙体的交错排列，形成水平方向的穿插交错。在这类空间里，往往也形成不同空间之间的交融渗透。因此，在一定程度上，它也具有流动空间的特征。

第二节　现代中国城市公共空间设计的原则与方法

一、现代中国城市公共空间设计的原则

（一）功能性原则

一般而言，我国城市的公共空间是相关系统中的公共领域，属于一种能够充分反映整体面貌和公共活动情况的具有内部公共性的场所。此外，在空间内容上，可以有效地提供许多功能和服务，例如为居民提供与交通、娱乐相关的公共活动。在空间形态上，主要体现在各种功能系统的有效整合上，连接各种空间和空间形态界面。

与以往相对传统的城市建筑类型相比，我国城市综合体的公共空间具有以下优势：

第一个优势是大型城市综合体的公共空间属于城市综合体多功能空间的复合连接空间，所具有的公共性相当于城市综合体的多功能性，这属于城市综合体当中的全部功能，并不是单单服务于一种功能。

第二个优势是大型城市综合体的公共空间具有一定的宣传性。因此，大型城市综合体公共空间属于城市居民的公共领域，可以在其中自由地工作和生活，并能有效地满足内部活动使用的需要，还必须充分发挥综合体的多种功能来创造具有场所性的空间，应该塑造城市以及建筑的精神性空间。在实际的空间设计过程中，要彻底摒弃单纯着重设计内部与环境设计的复杂性，应从宏观角度对复杂的城市公共空间进行协调的整体设计。

在设计我国现代城市公共空间时，设计师需要考虑审美要求、功能要求和一般公共活动规则，营造优美、卫生、舒适、便利的环境。在我国现代城市公共空间的设计中，不同的功能区域也有不同的设计手法。比如公园，孩子们活动的场所，要求交通相对舒适，所以通常修建在主要出入口附近，还必须结合孩子们的身心特点，该区域的建筑设计要新颖独特，色彩明亮，空间要保持开阔，营造活泼、活力、欢快的景观氛围。又如，作为以运动为主题的城市公园，奥森公园（图2-1）除了环境宜人、风景秀丽之外，还是城市居民的休闲运动场所。

图2-1 奥森公园局部

（二）统一性与协调性原则

1.统一性原则

中国现代城市公共空间的使用功能必须满足综合体建筑的功能要求，而城市公共空间作为综合体建筑的重要组成部分，有助于补充建筑的应用功能。城市公共空间可以在复杂建筑中起到简化和引导的作用，有助于展示商业风格和实力，分担复杂建筑的交通功能。详细分析复杂建筑物的作用和状态，需要注意不能与建筑物应用的功能发生冲突。为了优化我国城市公共空间的形态，有必要将城市公共空间融入复杂的建筑中，目前最常见的类型有以下几种：

第一，点状公共空间，实现了综合体建筑内部空间之间的良好连接，这种空间的形状主要采用中庭式和厅堂式。

第二，条形城市公共空间，主要沿城市街道呈线性排列。如果综合体建筑需要商业道路设计上界面，那么就会形成内部道路空间、道路和综合体建筑。在它们之间设计拱廊，形成拱廊入口空间，为人们提供放松和娱乐的场所。

第三，立体城市公共空间。近年来中国经济发展迅速，综合建筑城市公共空间设计应该是一种安全、舒适、大容量、高效的立体商业模式。灵活多样的城市公共空间建设，有效结合了纵向和横向功能，形成了立体多层次的公共活动区。

2.协调性原则

为了保证我国城市公共空间规划设计与城市文化的协调性，有关部门必须遵循城市公共管理的协调原则，好好规划和利用土地。城市规划设计的重点是解决城市公共空间的设计问题。此外，坚持城市公共空间设计的协调性原则，可以从城市文化的角度满足城市公共空间设计的友好发展要求，强调城市文化在城市公共空间中的现实作用。城市公共空间设计的协调性原则从城市文化的角度可以促进城市公共空间设计的发展。

我国城市公共空间景观的协调性设计，是指我们添加的设计元素与周围环境相协调的状态。与统一不同，协调是元素之间的关系。实现协调的关键

在于保持空间过渡的流动性和协调不同元素之间的缓冲区。协调的布局应该在视觉上舒适，避免紧张和冲突。

（三）因地制宜原则

中国不同地区的情况差异很大，必须因地制宜地推进城市公共空间布局的多样化。在东部人口密集地区，必须优化城市群的内部空间结构，合理控制大城市的城市公共空间设计，而不是盲目"分蛋糕"。促进城市群发展，形成多中心、多层次、多节点的城市群结构，这对于加强城市之间的联系和建立必要的生态系统以及安全屏障是必要的。中西部省区要率先培育一些中心城市，避免"一城为主"的弊端。在国内，农民在区县购房聚集是普遍现象，要选择条件较好的地区，聚焦发展，加强政策引导，使之成为扩大内需的重要支撑点。旧城区改造、地下管道建设、停车、维修、养老、家政、教育、医疗等方面都有较大的需求和发展空间。

此外，在设计城市公共空间时，要结合周边景观的不同场地、自然条件和文化特色，充分利用原有元素，利用新的实用和审美功能来适应环境，因地制宜地创新设计。比如在北方，设计中需要考虑北方的地形、文化、经济等方面。而南方多雨，山峦错落，河流纵横，可以利用这种自然景观进行设计。

（四）生态化原则

在我国城市公共空间的设计过程中，应以生态为设计原则。如《南京市城市更新试点实施方案》[①]将城市公共空间提升确定为更新类型，要保护河岸山川、城市森林等城市资源，丰富更新方式，构建绿色生态背景。具体方法如下：

（1）发展绿色开放空间格局。有机交织城市绿道场地，连接综合性城市

---

① 江苏省南京市制定的城市更新试点实施方案。

公园、郊野公园和特色滨水空间，精心布置城市绿地和袖珍花园。

（2）在我国城市公共空间的设计中，结合不同场所、自然条件和周边景观的人文特色，充分利用现有的元素，创造出新的有实用功能的小城市空间。强调"小规模、低影响、渐进式、适应性"的更新模式，推动城市内涵发展，彰显城市魅力。通过开放公园、公园绿地、广场等区域小结构的建设改造，加快"工业语言"城市小客厅布局，打造有用的城市公共空间。

（3）建造风景如画的道路滨水建设。通过设施整合、功能整合、文化引入等措施，提升街道空间品质和文化魅力，形成持久、有节奏、有吸引力的街道界面，打造有特色的优质街道，打造游乐园与滨水城市公共空间相结合的河流，强化人行道、亲水平台、文化空间，丰富沿江功能性商业形态，发展沿海经济，推进滨水特色板块建设，打造多层次滨水场所。

以公共公园为例，生态园林需要充分发挥城市绿地"天然氧吧""空调""隔音板"等相关功能，利用植物的生物学特性，在空气净化、气候调节、降噪、节约水土等方面发挥重要作用。例如，在第十一届江苏园艺博览会上，江苏园博园对汤山废弃的矿坑和水泥厂生态系统进行了彻底的修复。园博园创新利用地质部位，把矿坑变成公园，把塘口变成公园，把山谷变成"天堂"，把荒芜的郊区变成家园，不可思议的百年工业遗产"再生"。进入园博园，巨大的烟囱和水泥厂建筑依然屹立不倒，但中国的老水泥厂已成为园博园的主要展示场所。烟囱旁边的塔和其他工业建筑被改造成钟塔；水泥厂原料配送仓库被改造为咖啡厅和干净的休息区；老建筑被改造成前卫的书店和其他年轻人喜爱的商业空间。园博园充分运用系统思维，对"崖花谷、时光艺术谷、苏云汇谷、云池梦谷"四大景观区进行"一区一策"专项修复，保留了原始自然风貌，激发了新效能。

（五）以人为本的原则

在城市公共空间设计中，要充分体现以人为本的规划设计原则和满足社会需要。规划的关键在于强调人与自然的和谐统一。以人为本，给人一种轻松愉悦的休息状态，进而充分满足不同用户的基本需求，从而兼顾普通人的空间体验，提供一些记忆和非人类的视觉外观。

以人为本就是充分考虑人的感受、人的心理和生理需要。例如，景观和城市公共空间的布置和尺度必须满足人们的视觉观看位置、角度和人机工程学的要求，座椅的布置必须考虑到人们私人空间的需要。在城市公共空间规划中，要根据婴儿、青少年和成人的行为心理特点，考虑老年人和残疾人景观环境的特殊需要，落实在休息区、座位大小、单独的人行道、斜坡、道路、盲文标志、专用公共厕所等细节空间。在规划中，使城市公共空间真正成为公众喜爱的休闲娱乐场所。

（六）美学原则

城市公共空间的绿地景观通常是由许多景观元素组成的综合体。它的要素主要包括地形、植物、构筑物等。为了尽可能地处理好颜色、形状与质地之间错综复杂的关系，让景观被公众普遍接受，设计师需要按照一定的形式规则对其进行编译和设计，然后最终确定其施工方案。城市公共空间的绿地景观设计需要融合现代科学与艺术，与现代科学、环境、装饰、多媒体等艺术形式结合，让城市公共空间的绿地景观展现出截然不同的时代与艺术特色。

二、现代中国城市公共空间设计的方法

（一）前期探索与发现的方法

1.地图法

地图法将用户视为"经验丰富的专家"，以用户为中心参与设计过程。情境地图的描述必须包含一个主题，它是对公共领域的实地调查进行快速响应的一种方法。地图工具可以表示不同的行为、人、地点的物理元素以及更多特征。地图工具将这些要素视为城市公共空间中的符号元素，并绘制这些

符号元素的数量和种类，此工具也称行为地图。

2.用户观察

在城市公共空间领域，用户主要观察公共领域内的社交或私人互动、与公共领域的互动等行为。设计者可以根据目标指标对观测值和潜在变量之间的关系进行描述、分析和解释。一般来说，在观察用户时，观察者必须隐藏起来，不干扰被观察的人或其活动，并且必须尽可能地再现真实情况。

在观察过程中，录像是记录的最佳方式，它可以提供丰富的图像数据，为重复数据分析提供依据。此外，还有照片和注释，可以适当收集从观察中获得的原始数据，以综合设计分析所需的数据。但是，应该注意的是，每个国家或地区的法律是否允许拍摄。

3.用户访谈

用户访谈是进一步研究的一种方式。通过用户访谈，可以提出特定的问题、设计场景，并发现常见的习惯、极端情况和用户偏好。在城市公共空间概念设计阶段，还可以通过用户访谈进行测试和评估，获得详细的用户反馈。与问卷调查和用户观察相比，用户访谈有助于被调查者理解和评价调查者提出的问题。然而，对设计者来说，用户访谈是一项艰巨的任务。在用户访谈的过程中，要落实好自己的研究问题和方向，管理好访谈的时间和节奏，避免出现受访者偏离主题的情况。

4.问卷调查

问卷调查可用于城市公共空间设计和开发的各个阶段。在设计之初，可以通过问卷来收集用户行为和城市公共空间体验的信息。问卷调查是一种定量研究方法，它可以帮助设计师识别城市公共空间设计的现状、观点、行为频率和用户满意度。问卷调查可以采取书面、在线、电话和面对面的形式。其中，场地问卷近年来非常流行，但还是推荐面对面的提问方式。面对面的问卷调查可以最大限度地减少被调查者的误解，使设计者能够快速地从被调查者那里得到真实的答案。

（二）城市公共空间的定义方法

1.人物角色

人物角色可以是初始用户调查完成后，对于使用人群作出的总结。这种方法在工业设计领域非常普遍，近年来逐渐开始应用于建筑设计和城市设计领域。这种方法可以帮助设计师在概念设计过程中与团队成员或利益相关者进行讨论，以更好地理解和定义使用城市公共空间的人。根据以往用户访谈、用户观察、问卷调查等方式收集到的用户群体信息，在此基础上进行归纳总结，总结出行为模式、行为特征、相似性、独特性和差异性。还可以根据调查结果对用户群体进行分类，对各类人群进行人物设置，除了通过文字设置人物外，还可以通过可视化进行人物设置。

2.讲故事

故事是谈论剧本的一种方式。最初广泛应用于广告策划行业，现在广泛应用于工业设计、产品设计、城市空间设计等领域。这是一种特定的结构，一种特定的风格，一个固定的人物，一个叙事的开始和结束。在设计的早期阶段，故事可以用来定义用户和城市公共空间之间的交互标准，或者在设计过程的呈现阶段向其他利益相关者展示设计概念和想法。设计师通过情景故事向城市公共空间设计的目标用户介绍他们想要设计的空间环境，这些情景故事比枯燥的专业图像更容易阅读和理解。然而，这些故事往往是设计师的主观创造，其他读者有可能无法理解设计师的意图，他们所讲述的故事和场景也无法捕捉到所有可能出现在公共领域的事实。

3.问题界定

在城市公共空间设计的过程中，设计师往往需要分析空间的使用现状，以确定空间的问题所在。当需要定义问题时，表示用户对现状不满意，希望通过提出问题来改变目前的使用状况。此时提出的问题是一个设计问题，设计师在设计城市公共空间时经常忽略问题定义。在中国城市化发展的过程中，城市公共空间的定义也被忽视了。政府决策者和设计师往往痴迷于设计新的城市公共空间，却没有与周边空间的居民进行讨论和交流。也许这些居民不需要新的公共空间，但媒体传播的问题需要解决。因此，不需要设计新的公共空间，而是要澄清公共空间的问题，并将其扩大到大众传播，从而取代新的城市公共空间。这一概念不仅帮助设计师和决策者重新思考城市公共空间的作用，也减少了城市化过程中土地和金钱的浪费问题。①

（三）城市公共空间形式设计的方法

1.形式生成的起点

空间形态的生成过程是从某个起点开始的，而形态形成的起点与生成过程息息相关，直接影响甚至决定了设计结果。整个过程是一个整体，如何确定造型创作的起点是设计方法论的基本问题。②

事实上，永远不会有一个标准的设计方法是所有设计师都可以接受的。城市公共空间设计方法层出不穷，每一个设计师、每一个方案都采用不同的设计方法。城市公共空间的设计不仅是空间形态的设计，更是设计方法和方案的设计。由于城市公共空间设计的复杂性，如果没有明确的设计流程规划，就难以全面、有条不紊地解决这一复杂问题。

2.从场地出发的方法

（1）从场地需求出发

从场地需求出发寻找空间形式是众所周知且广泛采用的方法。

场地需求涵盖两个方面：自然和人文。前者是场地自然条件对设计的限制，后者是主体对场地多方面的需求，两者共同提出了设计要求。其中，前者可分为生物和非生物两大类，后者是指场地相关主体的需要。公共活动与互动使城市的公共空间得以体现，满足各种交往的需求就成为公共空间应具备的基本功能。此外，人们对空间的实用性有着多样化的需求。基于现场要

---

① 魏娜.城市公共空间设计[M].北京：清华大学出版社，2017：41-43.

② 孟彤.城市公共空间设计[M].武汉：华中科技大学出版社，2012：138-139.

求的设计方法应考虑这些方面。

就场地本身的设计约束而言，城市公共空间设计往往包含地形、地质、土壤、植被、水体等因素。一方面，这些因素限制了设计，违反自然规律的设计会付出高昂的代价；另一方面，这种所谓的限制也可以成为设计思路的来源，至少在现有条件下为工地提供了初步设计方案，其实任何设计都只是在不同程度上改变了现有空间的形态。

从基本需求来看，每个人都有不同的需求。为了确定整体需求，首先需要对场地内部和周围的人进行分类和研究，包括那些远离场地但可能是用户的人。主体的需求本质上是主体对公共空间功能的需求，包括实际的物质功能和精神功能。此外，区分主观欲望也有几种方法，如希斯等人将需求消费分为功能性欲望、社会性欲望、情感性欲望、知识性欲望和条件性欲望。如果将公共空间视为一种公共消费对象，即一种公共产品，则可以说是一种共享的方式。同时还采用了更广泛的分类方法来研究功能、经济、美学和生态方面的挑战。对于每个主要类别，还可以进一步细分。每个人的需求是不同的，个人的需求是无限的。此外，这些需求不仅是不断变化的，而且对用户本身也是动态的。由于公共空间的复杂性，其分类类型多。根据一个层次的要求，需要进行一定的细化。理论上，它可以是无限的。在这种情况下，分类的细化往往是由设计者的需求和能力决定的，无限的细化是不可能和不必要的。

不同的主体有不同的设计需求，这些需求常常是矛盾的。大多数设计决策都反映了多个涉众的意愿。一方面，它们满足了一些实体的愿望；另一方面，它们也可能损害其他实体的利益。然而，研究特定领域的需要并不总是有益的，因为理想状态几乎是不可能的。主体需求研究的目的是通过设计师的设计决策、多主体之间的博弈、公众参与等方式，最大限度地达到主体之间的平衡，减少任何一方对其他主体的损害，以求得到最好的结果。满足复杂多元需求的方式也并非针对每一项需求分别做出设计，而是让空间和设施具有通用性，尽可能满足设计师想到的和没有想到的所有公众需求。通过空间形态的创造，可以产生潜在的功能，激发新的需求，为公众提供创造性利用空间的机会，为公共空间带来活力。①

对于一个具体的站点，了解场地需求的最直接的方法是进行场地调查并获得第一手的数据和信息。目前，行业已经积累了多项获取数据和信息的方法和技术，如现场地形与地物测绘、现场摄影、航拍、航空遥感影像采集、数据库应用及其成本分析法，以及针对场地使用者或潜在使用者的问卷调查法、德尔斐法、访谈法、人种志研究法、政策分析法等。

现场要求的设计方法有很多变化，但通常在现场调查完成后，研究和数据分析阶段就开始了。所谓分析，就是对问题进行描述，根据问题的不同类别进行研究。根据分析结果，对当前场地状况进行评估，然后根据评估结果提出改变场地的建议。在数据收集和分析阶段，可以采用图形、文字、数据、地图等方法，主要用于现场调查，不包括空间形态的创造。从程序的角度来看，这种经过初步研究后根据场地需求构建表格的方法，以及从头开始设计表格的方法被认为是有风险的。

设计不仅是对客观事实的描述和研究，也是主观预期的解决方案与客观存在的事实相互作用的辩证过程，是改变客观现状和创造新空间形态的过程。设计是基于设计者对事实的"如何"和事实的"应该"的认识，两者缺一不可。也就是说，设计不是一个纯粹的客观过程，主观因素总是在起作用，而且往往作用非常大。

尽管推导需求空间形状的方法存在各种问题，但没有必要完全拒绝这种方法。如果调查数据足够准确和充分，则在现场需求分析中没有重大错误。同时，只要我们保持足够的开放和包容，就不再以"形式服从功能"为借口，排斥其他形式的产生方式，科学对待形式规律的研究。客观的态度，承认灵感、随机性和主观性，欲望、审美情趣、个人差异、文化传统等许多不能通过手段理性解决的因素在形式的形成中起着重要作用。至少，在处理确定性和定量问题时，这种方法对于解决场地功能和需求仍然有效。

---

① 王平好.当代城市开放空间设计研究：以重庆山地城市为例[M].长春：吉林美术出版社，2020：10-12.

（2）从场地要素出发

我国城市公共空间对公共生活的促成是通过空间尺度、比例、形状、色彩、设施、艺术品等一定的空间要素来实现的。虽然公共生活是动态的、潜伏的，是无法明确界定和准确预测的，但通过空间元素的设计，可以引导和激发它们。因此，如果人们只有公众意识或只在社会学层面进行讨论而没有专门的空间，就不可能通过城市公共空间影响人们的公共生活；而如果仅仅停留在纯物质空间设计的层面，就无法满足社区的社会需求。

场地元素不仅是保障公共生活发生的物质条件，也是城市公共空间设计的重要内容，因此基于场地元素的设计也是非常重要。

从场地元素入手的方法是先分析后归纳，即先将整个场地分解为基本元素，分别分析设计，再整合到一起，得到一个完整的设计方案，即先分析后综合的方法。

为了将整个场地划分为基本元素，有必要对这些基本元素进行分类。分类方法有很多种，其中凯文·林奇的方法被广泛接受和引用。林奇将城市意象分解为五个要素：道路、边界、区域、节点和地标，他的分类法也适用于我国城市公共空间的设计和更广泛的城市区域的设计。凯瑟琳·迪伊（Dee C.）借鉴了林奇的方法，她分别对空间、路径、边界、焦点、节点等场地的元素进行分析，并整合空间、路径、边界、节点、中心等元素，或根据地形、植物、结构、水体等进行整合，并将索引分为两个添加以进行集成，我们也可以借鉴这种方法。①

还有一种更"简约"的元素分类方法，就是将场地上的各种物质元素分为点、线、面、体等基本的和抽象的几何元素，然后是数量、位置、方向、方位、尺寸、间隔、密度、颜色、时间、光线、视觉力等变量，改变或排列这些元素，得到一个新的景观形态。西蒙·贝尔的书详细描述了这种方法，他将基本的形式元素视为视觉词汇，将空间形式视为语言。具体的设计过程是首先将现有场地还原为基本的视觉词汇，对其进行分析，然后结合功能考

---

① [英]凯瑟琳·迪伊著.景观建筑形式与纹理[M]周剑云，唐孝祥，侯雅娟，译.杭州：浙江科学技术出版社，2004：21-24.

虑，从场地的各个可能方面寻求设计灵感。作者称这种方法试图在功能、美学、成本等之间取得平衡，并且是对形式的积极探索，而不是期望它们从功能分析中自动出现。①

设计方法是根据对象和元素的要求进行分析和归纳的过程。前者强调对象的要求和功能，后者直接切入形式设计。前者主要基于"形式服从功能"的概念，后者主要基于还原论的概念。还原论认为世界是由一些基本元素组成的，古希腊人称之为"四元素"。在现代科学中，所有的物质都被简化为基本的分子和原子，甚至是小粒子，它们的粒子总数是固定的，没有不确定性。

城市公共空间的设计必须通过物质因素来实现，而不是抽象的、非物质的几何形状。设计师从场地中提取需求，并将其总结成几何形状，然后对几何形状重构后，将抽象几何形状转化为物理空间形状元素。被分解和还原的元素——即使它们被还原了——必须重新构成一个整体，整个过程是一个由特殊到一般的归纳过程，而不是由一般到特殊的推理过程。

与基于场地需求的设计方法不同，场地元素的手动设计更多地基于草图而不是文本和信息。在规划的早期阶段，现场草图往往是最重要的一步。虽然此时相机可以作为辅助工具，但相机在提炼和选择方面不如画作无限灵活和动态，在表达主观感受方面也远不如画作。

与艺术家的速写不同，设计师的速写不是为了得到完美的画面，它更多的是一种研究，而不是一种艺术表现。图像虽然可以很有艺术感，但只要能有效地捕捉到场地的元素和设计师对场地的感受，只要符合设计的需要，那些没有艺术感的草图也可以。

由于现场写生不需要大量思考，所以写生的结果是一幅画，从草图到设计草图的转换非常简单。目前，形式和场所要求之间没有确定性的"跟随"关系，也没有功能决定论者预先建立的所谓"标准答案"。由于元素的丰富性和设计师判断的主观性，这种方法的隐含塑造可能性是无限的。同时，场

① [英]西蒙·贝尔著.景观的视觉设计要素[M]王文彤，译.北京：中国建筑工业出版社，2004：
   16-19.

地的独特性一直备受关注，通过这种方式获得的形式往往更成功地反映场地的文脉和精神。

从场地元素出发的城市公共空间形态的营造可以有两个方向：一是从元素的角度寻找场地存在的问题，有针对性地解决；二是以现有的场地元素作为设计灵感和形式母题的来源，寻找设计理念，并借助空间概念的形式语言来实现。前者更注重实证研究，而后者更主观；前者将元素分析视为约束，形式的创建应以解决问题为基础；后者将元素视为创造形式的机会，具有灵感的力量。两种路径各有优缺点，在设计过程中往往齐头并进：一是有利于有针对性地解决问题，避免功能错误；二是更容易激发设计师的主观能动性。两种方法的一个可能问题是，前者容易出现机械还原论，细节或元素的拼凑会使设计失去整体感，甚至成为失去灵性的技术操作；后者可能会由于设计师的个性、缺乏自我发展、兴趣不高、感觉偏见等主观原因导致设计理念平庸甚至不恰当。只有对这个问题保持足够的认识，才能有效地避免失误，通过提升设计师自身的整体素质，创造出高品质的城市公共空间。

（3）从场所精神出发

一个优秀的城市公共空间设计应该是一个场所设计，它应立足于对场所精神的体验和对场所营造的极致追求。一方面，从客观的角度来看，形式早在设计之前就已经存在于场地上，设计师的使命是感受场地的精神，发现场地应有的形式。这种体验和追求，不应该是在所有功能需求都分析完并最终确定之后，而应该在设计之初出现。真正负责任的设计师在接受设计任务后要做的第一件事就是赶往现场，而不是坐在电脑前或图书馆收集和分析数据。另一方面，从主观的角度来看，在开始绘制设计草图之前，空间形式实际上是设计师的设计思维。设计师对原理图的搜索发生在场地上以及他自己的脑海中。设计过程是设计思想的具体化和自然表达，而不是在绘制完成后添加一些冗长的设计描述，比如一些糟糕的计划，把所谓的"设计理念"当成噱头。

设计师捕捉精神体验最有效的方式就是记录现场感受的绘画。绘画可以是现场写生，也可以像中国古代画家那样从记忆中捕捉"意象"。从地方的精神中汲取灵感和从元素中汲取灵感是有区别的。虽然都使用了现场草图法，但后者容易陷入理性和计算分析，往往使用较多的逻辑思维；前者需要快速、全面地捕捉主体的感受，素描者必须能够理解灵魂部位不是用来肢解物体的工具。正如四肢和内脏的结合不能赋予身体生命一样，依靠场地元素的拼凑也很难获得一个地方的精神。

从现象学的角度来看，虽然一个地方的精神最终体现在某些物质元素上，但场地元素不应该作为起点，也不应该作为设计目标，因为其结果往往是形式语言的空间滥用和各种元素的机械积累。元素的选择和使用应基于它们是否有助于场地的整体氛围。如果某些元素对于场所精神的表达是必不可少的，那么它很可能会转化为主要主题，以最适合该场地的"主题"为准。

主题又称"主题思想"，是指作品中通过一定的形象和符号系统表达的中心思想。主题是作品的核心和灵魂，将构成内容和形式的各种元素统一起来，最终以主题为主体。对于我国城市公共空间来说，主题应该是一种强烈的场所精神，不是随意的，而是源于场所并最终与场所相关联，是场所精神的自觉体现。因此，基于场所精神的城市公共空间设计方法强调场所的直接体验。具体的体验模式可以是现场观看、聆听、触摸或素描，其中设计主题可以通过几种基本和直观的方式从场地中找到。

具体设计步骤为：

（1）亲身体验场所，发现场所精神，找到与之契合的设计理念。

（2）按照概念组织形式要素，将概念转化为空间形式。

（3）研究和定位需求。

（4）根据所在地的需要调整形式，使形式适应潜在的需要。

（5）调整主题，寻找利用形式产生其他活动的可能性，增加空间的意义。

（6）详细设计、选材、施工工艺也要遵循主题设计理念。

从以上六个设计步骤可以看出，"主题设计"并没有忽视场地需求，而是在某个阶段尝试将需求融入形式。在最初获得适合设计理念和主题的形式后，开始考虑复杂需求的时候，即在这种情况下，形式和需求有可能发生冲突，必须对形式进行调整，以在不损失空间和满足功能需求之间达到平衡。通过需求与形式的相互调整，进一步细化形式，使功能合理化。因为不同的形式以不同的方式与需求发生冲突，所以在两者之间取得平衡的方式也可以千差万别，不同的冲突需要不同的解决方案，最终的形式也会千差万别。

3.从场地之外出发的方法

我国城市公共空间的设计除了从特定场地出发外，还有很多因素可以成为设计灵感的来源和形态形成的起点。如果说功能决定论是建立在单向思维的基础上的，认为在某处有一个单一的、最合理的"标准答案"，那么艺术创作则是建立在多元思维的基础上的，对无限可能产生深远的影响。一切都可以成为艺术创作的源泉。城市公共空间设计是一项具有无限可能的艺术创作活动。

所谓"创造逻辑"，既是对艺术的误解，也是对科学的误解。像艺术一样，科学没有创造性的逻辑，每一项发明都包含非理性或直觉的创造性元素。爱因斯坦明确表示，他同意卡尔·波普尔的观点："理论不会从观察的结果中构造出来，它只能被创造出来。"通常很难从逻辑上解释创造的过程，也没有人能预测在哪里和为什么，任何事情都可能是创造机会。在城市公共空间的设计中，从宇宙到小叶，从具体到无形，都有可能引导形态创造的因素。①

绘画、雕塑、建筑、音乐等艺术都与城市空间设计密切相关。艺术对城市的影响是非常多样的，除了设计师在理念、风格和表现手法上的关注和借鉴外，还有直接来源于艺术作品的各种形式的城市公共空间设计，比如可以借鉴布雷·马克斯、野口勇等的作品。也有设计师结合图纸和设计草图的案例，扎哈·哈迪德就是一个典型的例子。普通建筑师的写意草图很轻松，图纸有一种未完成的感觉，但哈迪德的一些"草图"却非常利落完美。她的"素描"是一幅完美的抽象画。据说，她在每个项目设计过程中都要完成很多这样的草图。

在公共空间设计中，生态的作用不仅来自技术，也来自生态设计。很多设计作品的灵感和形式也直接来源于生态的概念。随着人类生态意识的空前觉醒，从自然中发现形式并将其转化为空间语言已成为一种普遍现象。比如鸟巢的设计，就直接利用鸟巢的造型来塑造景观。当然，这些自然形态的运用和直接模仿并不一定与生态有关，这只能再次证明，自然一直是艺术创作

---

① 王平妤.当代城市开放空间设计研究：以重庆山地城市为例[M].长春：吉林美术出版社，2020：104-107.

的源泉。

　　也有一些完全意想不到的因素，可以随时随地进入设计师的脑海，碰撞出灵感的火花。无论是场内因素、场外因素，还是与城市公共空间设计直接相关的因素，又或看似无关紧要的因素，都可以成为塑造城市公共空间的出发点。

　　还有一些设计类型永远没有机会连接到真实的场地，它们只是"未构建"的设计计划或想法，只存在于图像、模型、文本描述甚至想法中。因此，对于设计来说，草图是一种研究探索的手段，也是设计的最终结果。虽然尚未建成，但其中一些已成为设计历史的一部分，而由于尚未建成，这些设计超越了时间和空间，连接了过去和未来。他们用前卫的自然挑战和出人意料的设计，净化了跟随的惯性，以"不混杂现实的纯粹想法"激发了创造的力量。

4.从图式出发的方法

　　设计通常被视为一种独特的语言系统，语言理论对设计理论产生了重大影响。在人类语言中，最基本和有限的单词和语法可以产生无限的句子。

　　和语言一样，空间也有自己的"基本词汇"和"语法"，它们可以产生无限的空间形式。

　　如果说一种语言中最基本的文字是文字符号，那么建筑、景观、城市公共空间、造型艺术等设计专业的"文字"就是最基本的几何图形。气泡图刚诞生的时候，很多设计师都试图构建一个逻辑：功能与形式的关系，让创造形式的出发点摆脱原有的几何图式，重新获得生成能量。然而，对功能与形式关系的教条主义认识，逐渐导致人们放弃对形式内在规律的研究。气泡图以外的造型方式被摒弃，失去了原有的设计多样性，"国际风格"风靡全球，建筑和城市成为"全球化"的形象。它在创建单个图像的过程中发挥了重要作用。

　　这种源自建筑领域的逻辑生成方法也被应用于城市公共空间的设计。如今，许多采用或借鉴这种逻辑生成方式的城市公共空间设计方案已成为现实。

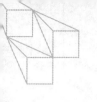

5.形式的叠加与拟合

在我国城市公共空间的设计中，至少需要从三个方面来叠加层次作为分析工具：第一，因为设计中要解决的问题比较复杂，所以需要每一类问题画一个分层的草图，让每一层传达有限的信息，以便把每一个问题表达得更充分，避免大量的信息问题相互干扰，使这些草图更易于阅读；第二，只有通过叠加，才能揭示每一层的空间对应关系；第三，只有通过叠加和调整，才能将问题的各个方面整合到一个统一的系统中，最终得到一个全面的解决方案。

在各种方法之间引入一种叠加法，将每种方法得到的草图视为假设方案，各种方案叠加后相互校正，形成方法之间的试错机制，可以避免失败和补偿错误的方法中的缺陷。

在"方案加修正"理论所引出的设计过程模型中，首先，假设从同一个起点会得到不同的方案；其次是"形式的操纵""形式的综合""形式和要求的适宜性""组织和重构形式元素"或"用示意图呈现场所体验或场所精神"的步骤。各种方法的方案修正，修正后的原理图是通过修正过程得到的；叠加是各种方法之间的反复试验，但不是所有方法的整合，因为在每个特定的设计案例中使用所有的设计方法是不现实的，选择性叠加，如何选择取决于设计者的方法论态度和具体项目的实际要求。

另外，可以在一定的设计阶段引入不同专业人士的合作，让不同专业、不同岗位相互纠偏，消除错误，这也是综合解决复杂设计问题的常用策略。

（四）思维方法——以城市公共景观空间设计为例

在我国，城市公共景观空间进入设计阶段，首先要对场地进行概念性和功能性分析，其次要将景观设计理念转化为一定的布局，最后布局方案必须更加全面和切实可行。设计阶段的思维方式必须以实用性与艺术性景观设计相结合的原则为指导，立足于城市公共景观空间的功能可行性，并在此基础上运用空间规划规律进行艺术化思维。将优美形式融入城市公共景观，将空间加工成宜人的环境。总的来说，城市公共景观空间的思维方式是从平面图的概念阶段发展到具体的形式，从空间的实用功能发展到审美功能。

1.概念规划设计

在思考城市公共景观空间设计理念的阶段，首先是对场地进行分析和组织。在表示整体方案时，越来越多地使用符号或气泡图来表示空间使用情况（图2-2），从一开始就要避免用某些形状或图像来表示范围。此时的概念层面需要展示路面和表面铺装材料，如水面、草坪和种植区域，但不参与纹理、颜色、形状和图案的细节设计。

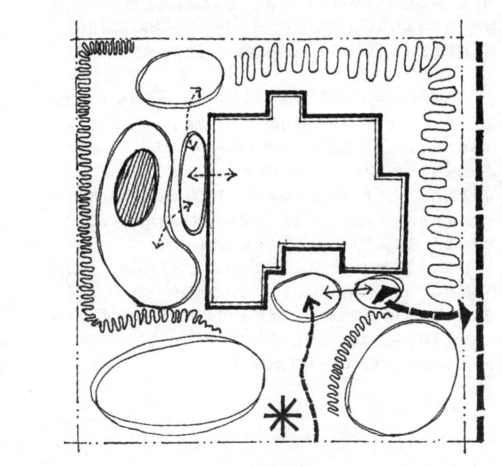

图2-2　气泡图

（1）构思

我国城市公共空间的设计理念要遵循创新的原则，即环境要有新的特征和理念。创意和属性是景观环境的灵魂，它使空间有了灵魂。在城市空间设计过程中必须明确空间的属性和性质，必须确定正确的主题，必须赋予景观适当的隐喻意义，需要将客观存在的"环境"与主观理解的"意义"结合起来。例如，拙政园中名为"与谁同坐轩"的场景，创造了明月同坐、诗意盎然的意境。

（2）场地特质

设计场地，首先要了解场地的特点。所谓了解场地特征，是指在设计初期，要了解场地的优劣势和可开发的潜力，分析想象城市人文环境中的景观特征、自然环境及其影响，因地制宜。设计城市公共空间时，原则上需保留场地现有植被，并在设计草图上标出现有植被和河道等自然景观的位置。

（3）主题特色与文化

一座城市的主要魅力在于它的历史、文化和特色。一个没有历史和文化的城市就像一个没有灵魂的壳，没有未来。每个功能空间和景观都需要赋予其独有的特征。比如代表北京商业街的王府井商业街（图2-3），就需要展览空间来传承历史、体验文化、感受它的魅力。这个展览空间展示了关于王府井商业街的发展历史，民众通过观看可以了解王府井商业街的历史和感受未来的发展方向。扩大这一空间比例，是继承和阐释王府井商业街历史背景的重要途径，也是提升王府井商业街文化魅力的有效途径。[1]

在项目任务开始时，虽然景观可以没有主题，但对于有特殊意义和主题目标的景观要确定其主题。例如，在遂昌金矿遗址保护（图2-4）和矿山公园的设计与建设中，历史文化参考在景观设计中得到了有效的运用。文天祥组织抗元军时，从遂昌金矿招募矿工加入起义军。"文山亭""正气亭""夜坐亭""夜起亭"均是借文天祥命名及修建的。

① 瞿艳.王府井商业街建设的特色分析[J].城市规划，2011（03）：12-14.

图2-3　王府井一角

图2-4　遂昌金矿遗址一角

（4）象征意义

景观可以用一个物体来表现或象征。例如，可以借鉴日本的枯山水（图2-5），以沙为水，以石为山，象征山水之间的人。

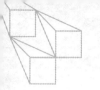

图2-5　对枯山水的借鉴

（5）景观叙事性

景观叙事赋予了空间更多的意义和内涵。故事可以通过一系列景观元素、空间的开合、转折点来讲述；还可以用雕塑和文字打开风景的故事。在侵华日军南京大屠杀遇难同胞纪念馆（图2-6）入口处，人们从断裂的石头中穿过，象征着大屠杀给人类带来的创伤。

2.功能设计

首先，空间必须具有连贯和充分的功能；其次，它必须具有艺术性。没有功能支持的环境景观是不合适的。空间的功能必须根据不同的使用者和用途进行详细划分，空间的共同设施包括公共景观空间的出入口、道路交通、防护围栏、景观节点和建筑物。

图2-6　侵华日军南京大屠杀遇难同胞纪念馆一角

（1）出入口

用方向箭头标出的主要出入口，通过大小和形状不同的箭头与次要出入口区分开。

（2）交通道路

城市公共景观空间中的道路系统可以用带箭头的流线表示（图2-7），注意区分机动车道和非机动车道。设计师可以简单地使用细线来表示人流，一条粗的线代表车辆的路径；不同的线条类型也可以表示不同的通道类型，如区分员工和游客的路线。

（3）防护围栏

空间的边界和墙壁可以用竖向的短线表示（图2-8）。如果要体现防护栏通透性的强弱，可以通过对纵向分割线条的粗细和间距做适当调整。

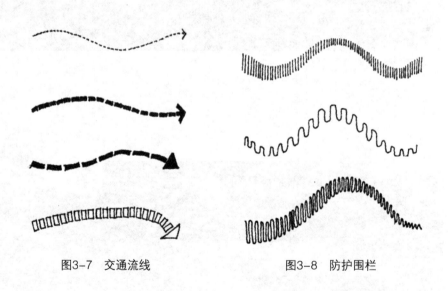

图3-7　交通流线　　　　　　　图3-8　防护围栏

（4）景观节点

符号"*"用于表示人流活动的聚集地和景观的节点（图2-9）。带有虚线的线型可以表示横轴的位置。

（5）功能分区

用一个易于识别的气泡圈（图2-10）来确定空间中功能区的大小以及功能区在公共景观空间中的大致位置。场地的功能分区可以包括休息室、休闲区、互动区、旅游区等，并根据具体位置进行具体的景观分区。

（6）现存物

已建或预留的建筑物和景观构筑物的位置和尺寸应事先标明，并标明建筑物的主要出入口，以利于道路和功能区的布置。此外，需要对场地内的河流和原生植被进行标记，并尽可能保护现有植物。

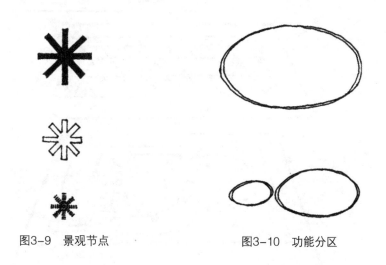

图3-9　景观节点　　　　　　　图3-10　功能分区

077

3.从概念到形式的设计

在获得景观设计的初步概念后，需要将概念图转化为具体的方案，这关系到现场景观的形式美。形态发展的过程涉及两个方面。一是以几何形状为参考主题，按照所选几何形状的顺序规律排列环境中的元素，形成有序、统一的空间。广场和纪念性景观经常使用这种技术。二是以自然造型为主题。与通常的几何布局相比，自然的造型给人一种柔软亲近的感觉。使用随意的线条和形象的曲线可以给空间带来更多的变化。

（1）几何形构成的主题

简单的几何形状的重复和组合可以变成规则的，甚至有趣的设计形状，常用的形状有矩形、圆形和多边形。将几何结构和图案融入设计的最佳方法是使用透明硫酸纸面漆或 CAD 软件中的分层。将概念示意图放在最底层，盖上几何透明层，再贴一层透明硫酸纸，勾勒出展开的设计方案演变过程（图2-11）。

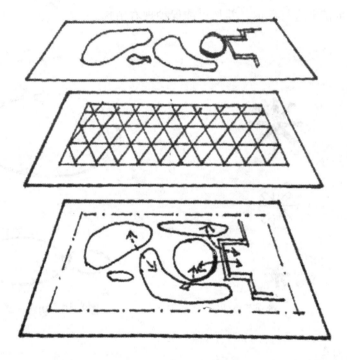

图2-11　设计方案演变过程

①圆形主题

圆是山水画中最常用的几何图案之一，也是最有造型能力的图形。不同程度的变形会带来不同的视觉效果。例如，一些联想可以形成活跃舒适的空间；采用同心圆可以增加空间的向心性；弧线构图给空间带来生命和变化；椭圆的几何形状增加了动态和精确的数学形式（图2-12）。

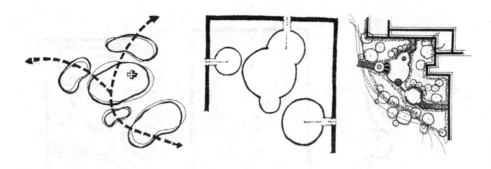

图2-12　圆形主题概念

②矩形主题

矩形是最简单和最常用的几何元素图案之一，它与传统的建筑形式相似，易于与建筑物匹配。矩形主题常用于基础设计中，表达正统性，在施工过程中也非常轻松方便。

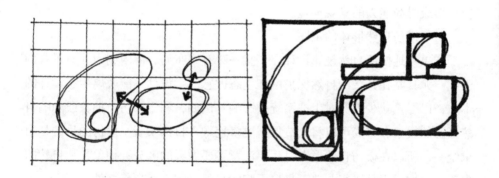

图2-13　矩形主题从概念到形式的演变过程

079

③多边形主题

常用的多边形有六边形和八边形，它们具有一定的张力（图2-14）。需要注意的是，对于尖锐的角要谨慎使用，它不仅在视觉上令人不悦，而且在覆盖景观时会造成不必要的麻烦。因此，在没有特殊情况时，必须尽可能小心地使用它们。

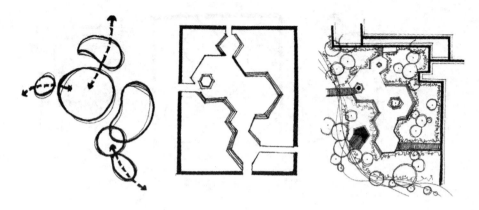

图2-14　多边形主题的演变过程

④锐角主题

在城市公共空间设计中，使用三角形主题进行规划设计，难免会产生两个锐角，所以要慎重使用。三角主题的合理运用，可以带来强烈的视觉冲击，形成时尚迷人的景观环境。

（2）模仿自然形体的主题

如果场地按照自然规律设计，不宜一味有序布局，应限制人为对景观的干扰，尤其是在开阔的自然保护区和生态敏感区。设计不能脱离生态设计的本质，以尽量减少人类对生态系统的影响。例如，利用模仿、抽象或隐喻自然形态的线条和布局可以将人造景观更多地融入自然景观。模仿的目的是力求统一，所以在模仿自然形态时，要注意不要做大的区分；抽象是从自然的本质中提取元素并进行改造，来自无聊的自然，却又在自然之外。

①自由曲线

自由曲线是最常见的形式。高迪高度赞扬了曲线。在他的作品中也可以找到使用海浪的曲线和骨头的压痕。这种曲线的使用使建筑物和景观能够创造出梦幻、神秘和不真实的空间。拱门存在于自然界的各个角落，如蜿蜒的河流、弯曲的海岸线、连绵起伏的山脉等。

②不规则折线

自然界中不规则的褶皱线多见于岩石和冰盖的裂缝中。在景观设计中，不规则的折线具有直线所缺乏的张力和能量，可以为空间增添冒险性和趣味性。使用折线时，应尽量避免小于90°的锐角，因为锐角不仅会增加施工难度，不利于景观维护，而且空间非常有限。

③螺旋线

螺旋形状，如螺旋形状的楼梯，从海螺、蜗牛、海浪和植物的形状中提取出来，其形状令人愉悦。通过使用螺旋翻转和重新排列，可以形成丰富的平面组合。

4.空间的艺术性

从思维的角度来看，我国城市公共景观空间的设计需要经过概念分析和形式思考阶段，应考虑好艺术处理手法和组织原则，以及如何凸显公共景观空间的艺术气质。

城市公共景观具有双重功能：实用性和艺术性。然而，在具有不同特征和功能的景观环境中，两者的作用并不平衡。在相对实用的环境中，城市公共空间设计的实际使用效果首先要体现出来，艺术处理相对其次。但也有例外，政治和纪念性园林艺术性占主导地位，用来表现政治景观的雄伟和纪念性景观的威严，使观者感到敬畏和钦佩。

城市公共景观的艺术设计不仅是一个艺术问题，而且还有更深层次的内涵。一个时代可以通过城市环境和景观的艺术设计体现时代精神，而一座城市则可以通过它体现出具有的历史时期的文化传统的积淀。①

（1）公共景观空间的造型

良好和正确的比例是更完整的环境艺术设计的主要目标。为进一步突出景观环境的艺术特色和个性，首先要对城市环境景观进行良好的设计和布置，其次要充分利用空间与细节的结合，最后要充分考虑艺术特色和个性的相互关系。在材料、颜色和建筑技术之间，良好的比例和精确的比例是更完整的景观艺术设计的主要目标。

（2）公共景观空间的性格

公共景观空间有其独特的特点，这取决于每个景观环境的内容、性质和

---

① 宋振华.城市景观设计方法与专项设计实践[M].北京：中国水利水电出版社，2018：124-127.

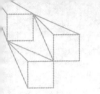

主题，通过构成公共景观空间要素的形式和属性来表现景观形象的特征。例如，城市政治和纪念景观的元素传达了一种庄严、恭敬的性格。城市商业休闲景观注重生态和景观的设计形式，在设计时必须充分体现自由、轻松、典雅的特点，给人一种轻松愉悦的感觉。

（3）公共景观空间的时代性、民族性和地方性

具有一定特色的景观环境体现了时代感，它在景观环境的空间形态，景观元素的造型、材料、设计手法和艺术手法等方面表现出精神追求的特征。社区公共空间景观设计中所能看到的传统文化、风土人情和地域特色，体现了景观的民族性和地域性。[①]

第三节　现代中国城市公共空间设计的
程序与内容

一、资料收集阶段

现代中国城市公共空间规划从全面的现场考察入手，对物质和非物质因素进行系统的多方位分析，从整体的角度出发，定义设计形象，深化与不同因素的结合，使设计符合国家设计标准。

（一）收集资料

接到委托后，在开始设计之前，设计师必须与投资方进行初步接触，明

① 翟艳，赵倩.景观空间分析[M].北京：中国建筑工业出版社，2015：61-70.

确设计要求和形象，估算设计成本，明确设计任务，提出施工现场的测量和设计要求，并实施该设计。对建筑条件、施工工艺、材料、设备等进行综合研究，形成城市公共空间规划的初步形式，促进未来规划、管理和建设的效率，并将协商结果以合同形式落实。

（二）场地勘察

开展现场勘察，收集勘察相关数据，为后续设计分析提供详细可靠的依据。基本情况调查的内容包括以下几个方面：

（1）甲方设计人员基本信息：主要负责人信息、相关部门信息、其他负责人信息等。

（2）甲方项目要求：投资目标、投资金额、项目时间要求等。

（3）同类项目信息：国内外同类项目对比分析。

（4）项目基本情况：选址及周边环境、项目建设条件（设计、交通、建筑等）、地域历史文化特色等。

根据设计手册要求，明确城市公共空间改造所要解决的问题以及目标，包括艺术风格、功能要求、使用性质、规模、价格、质量要求、施工时间等。清晰明确的设计目标有助于创建理想的公共空间设计目标。

1.场地位置和周边环境的关系

（1）确定周边位置和土地利用状况。即相邻的土地用途和类型，街道和相邻道路的名称，交通量是多少，高峰时间是什么时候，马路噪声有多大。

（2）识别环境的特征。即建筑物的年代、风格和高度，植物生长发育情况，周围环境的性质和感觉，相邻环境的纹理和结构。

（3）确定重要功能区的位置。即学校、警察局、消防局、教堂、购物中心和商店、公园和其他娱乐中心。

（4）识别交通模式。即道路的类型、系统和用途，进入该场地的主要方式，最近的公交路线的位置和时刻表，交通量每日或季节性的变化情况。

（5）相邻区域和建筑规范的差异。即允许使用的土地和建筑形式，建筑高度和宽度的限制，建筑边界要求，道路宽度要求等。

2.地形

（1）坡度分析。即标记建筑物使用的不同坡度；土壤应根据地块的不同坡度进行调整。

（2）主要地形地貌。即凸地形、凹地形、山脊、山谷。

（3）侵蚀区域（太陡的斜坡）和暴露于水的表面（太平缓的斜坡）。

（4）建筑物内外高度差。

（5）楼梯和挡土墙。

3.水文和排水

（1）各个集水区和分配系统。即检查建筑物当前的排水点，标出建筑物排水孔的水流方向。

（2）标出主要水体地表水位，检查水质。

（3）标出江河湖泊的季节变化，洪水的最高水位。

（4）标记封闭水域和潮湿区域。

（5）地下水情况。即水位和季节、含水量和重新分配区域的变化。

（6）场地排水。即该地区周围的径流是否会流入该物业？如果有，什么时候？多少？清理场地需要多长时间？

4.土壤

（1）土壤类型。即确定酸性土壤还是碱性土壤；确定是沙质还是黏土；确定土壤的生育能力。

（2）表土深度。

（3）母土深度。

（4）土壤渗流率。

（5）不同土壤对建筑物的限制。

5.植被

（1）当前工厂位置与植被规划。

（2）大面积必须标明。包括植物分布区、木材密度、树的高度和树龄。

（3）公园较小的位置意义重大。需标明植物种类、大小、形状、颜色和季节、质地、形状或特征。

（4）展示所有现有厂房单位的现状。

（5）明确限制现有设施发展的因素。

6.气候

（1）全年四季变化，日出日落位置。

（2）一年中不同季节和时间的太阳高度。

（3）夏季和冬季日照最多的方位角区域。

（4）夏季下午的日晒区。

（5）夏季和冬季最阴凉的地方。

（6）全年季风定向。

（7）夏季多风区和避风区。

（8）冬季冷风吹区和遮蔽区。

（9）年日温差范围。

（10）冷空气影响地区。

（11）最大和最小降雨量。

（12）霜线深度。

7.建筑现状

城市建筑与城市公共空间相辅相成。城市空间由建筑定义，建筑通过城市空间连接。每一栋建筑都根植于自己的环境和景观中，并可以被视为与之共存。因此，在建筑测量中可以考虑以下几点：

（1）建筑形式。

（2）建筑物高度。

（3）建筑立面材料。

（4）门窗位置。

（5）小场所的建筑物应标明以下内容：房间的位置；如何以及何时使用它；哪个房间用得多；地下室窗户的位置；门窗底部和顶部到地面的高度；外部管道、外部阀门和插座；在户外建筑物内安装灯具、电表、煤气表。

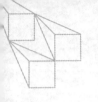

8.其他构造物

（1）墙壁、围栏、平台、游泳池、道路的材料、状况和位置。

（2）在地面上标出三维空间元素。

9.基础设施

（1）地下水管、煤气管、电缆、电话线、雨水管、净化池、过滤池的地面高度和深度。建筑物与城市管道、电话和变压器位置相连。

（2）检查空调或热泵的高度、位置、气流方向。

（3）池塘设备和管道的位置。

（4）照明位置及布线布置。

（5）灌溉系统的位置。

10.视线

（1）从场地的每个角落观看。

（2）从室内向外看景观，理解和刻画景观，思考在设计中如何处理。

（3）从站内和站外观看的内容：从站外各个方向观看站内景观；从道路上查看现场；场地视图最佳的位置；场地视图最差的地方。

11.空间和感受

（1）标记现有的室外空间："墙"在哪里（栅栏、墙、植物、斜坡等）；有影子的地方。

（2）标注这些状态的感受和特征。

（3）标出特定或干扰噪声及其位置

（4）标记特定或令人不安的气味和位置。

12.场地功能

（1）如何在现场使用（地点、时间、方法）。

（2）说明一下项目的地点、时间和频率：与道路施工公司的接触频率和时间；办公和休息时间；工程和维护；停车场；垃圾填埋；服务的人员。

（3）标出维护管理场所。

（4）指出需要特别注意的位置或区域。保养路面、人行道及院子边缘以及孩子们在院子里玩耍损坏的设施。

（5）记录到达时场地时的感受。

此外，研究委托书、调查、数据、法规等，对公司进行评估。

（三）对人文背景与自然生态的分析

1.对人文背景的分析

人文背景分析主要是指对人的精神需求的研究和分析，以及对社会文化和历史语境的分析。在此基础上，形成了景观设计中人的概念。例如，湖南长沙橘子洲区现在的地图就是根据当地的人文景观绘制的。

2.对自然生态的分析

自然生态分析包括自然环境系统分析、生态分布、生物适应性分析等。其目的是创造生态友好型城市环境，保持生态平衡，为环境的可持续发展奠定基础。例如，松山湖首个大型商业综合体——东莞松山湖万向汇。该项目已引进300多个入选品牌和100多个城市首创品牌，是松山湖科学城城市综合服务设施建设的标杆项目之一。松山湖万向汇位于CBD核心区，松山湖以北，商业建筑面积近12万平方米。空间方面，松山湖万向汇打造了东莞首个典型的"米ALL+公园+街区"建筑结构，总体布局更适合现代人社交、休闲。开放的户外游乐场、浪漫的屋顶花园、绿树成荫的休闲街区和城市的中央公园，共同打造了一个自然生态友好的城市区域。

换言之，规划者应根据业主提供的当前区域地图（也称"红线图"）对场地有一个大致的了解，并对主要影响因素有扎实的了解，以便充分合理地利用有利因素。

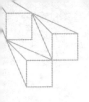

二、项目策划阶段

数据一旦在网站上收集，应立即进行整理和浓缩，以免忘记影响因素较大的较小链接。通过对城市公共空间规划所包括的区域进行全面考察，通过现场勘测、勘察等方法，收集整理基础信息，进一步分析其性质和合理性，在预测的基础上制定完成标准和进度，提供平衡的资金预算，形成明确的设计方向，确定设计方案的整体基调，将信息和数据转化为设计数据进行设计。在这个过程中，理性、抽象的思维是工作的关键，表现要尽可能的完美、系统、清晰、简洁。

三、设计方案构思

方案的构思是将对象作为一个整体进行规划和组织，以保证设计的功能性、合理性和美观性。要综合考虑各种因素的影响，创造性地提出一些方案思路和假设。设计构思是一个审查、改造、发展和改进的过程。[1]

示意图、概念图直接从站点功能关系图演变而来。概念图划分了站点功能图组合的区域，并定义了它们的用途和内容。概念图也强调了高低的变化，但没有提到对这些区域的外在形态的研究。我们应在网站的功能图上绘制概念图，对前一阶段形成的思路、立场、维度进行深入思考。我们对概念图考虑得越多，就越容易向前推进。[2]

---

① 在着手进行总体规划构思之前，必须认真阅读业主提供的"设计任务书"（或"招标文件"）。在进行总体规划构思时，要将业主提出的项目总体定位作一个构想，并与抽象的文化内涵以及深层的警世寓意相结合，同时必须考虑将设计任务书中的规划内容融合到有形的规划构图中。

② 李方联.景观设计[M].长沙：中南大学出版社，2009：19—21.

四、形式组合

（一）初步设计

初步设计是通过正式或半正式绘图的方式正确安排图纸中的所有设计材料。所有设计材料作为整体环境的一个组成部分被考虑和研究一次或多次。此步骤应考虑以下问题：

（1）所有设计材料中使用的材料（木材、砖块、石头等）和形状。

（2）植物材料的大小、形状、颜色和质地。在此步骤中，绘制代表特定植物的符号，如观赏树木、低云杉灌木、高大落叶灌木等。

（3）三维空间设计的质量和效果，包括冠、框、格、墙、山等构件的位置和高度。

（4）高程差异较大，初步设计需在建模研究的基础上进一步完善。将草图叠加到形状图上，以创建不同类型的草图。直到设计者写出一个令人满意的程序。

也许之前的概念和形式在这里发生了很大的变化，因为设计师在研究设计内容时，可能对更具体的因素有一些新的想法，或者受到其他设计因素的影响或限制，所以我们不得不回去更改原始图像。

（二）方案草图设计

一些设计过程包括原理图设计。对于小规模设计来说，方案设计和总体规划会同时进行。但是，对于涉及多种土地用途的几公顷的大型设计项目来说，需要更详细的示意图。

（三）总体平面图

初步设计图报施工单位后，设计人根据施工单位的说明在原图的基础上对方案进行修改。总体规划是对初步规划的细化。初步平面图通常用随机线

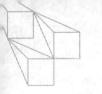

绘制，而总平面图则更加精确和详细。一些总体规划施工线、物业线、硬结构构件边界线（如墙体、甲板、人行道等）是用丁字尺、三角板等绘图工具绘制。

（四）其他配套图

主体规划方案完成后，不仅要结合相应的种植设计图纸、室外立面设计图纸、道路交通图、设施草图等，还需结合剖面图、透视图等，更好地说明设计。

（五）局部设计

有些设计需要深入的局部设计。对于一些较小的位置，如小型建筑物或公园，单个图表就足够表达其内容了。但是，有些设计内容包括土地利用的多样性，可以将其放大，以方便对各种细节进行研究。

（六）技术设计图

这一步主要考虑细节和材质的融合。比如铺装的形状、墙体和围墙的表现、出入口的设计等。技术蓝图为设计师和施工人员提供了清晰而详细的设计视图，要注意的是，技术蓝图只关注设计视图的特征和规模，而不考虑技术和详细结构。

五、方案比较与方案汇报

（一）方案比较

通常情况下，项目团队将为基准测试提供多个设计解决方案。每种方案都有其优缺点，经过分析，可以选择具体的方案进行下一步的设计和施工，也可以将两种或两种以上方案的优点合并到一个设计中以便进一步工作。方案的比较和选择，可以帮助设计人员和施工单位发现方案的优缺点，及时修正，避免出现一些错误。此外，还可以保证执行的质量。

设计师在前期研究类似案例的过程中，可以获取类似的设计信息，这样设计的方案通常更具可扩展性。另外，在相同设计较多的情况下，选择一个典型案例可以更清晰地了解项目存在的问题，尽可能选择成功解决问题的案例，同时，随着社会的进步，特别是新技术、新材料的出现，一些过时且不适合新时代设计的工作方法也会被逐渐淘汰。

（二）方案汇报

（1）方案构思。使用气泡图划分所有区域并设置平面图。

（2）平面的组成。通过加减法，将概念的实现表述为平面形式。

（3）示范方案。通过渲染和注释文本显示原理图。

（4）向客户报告。资料要详细，文字要明确，思路要清晰；可以是动画形式，也可以是多媒体形式。

（5）沟通。设计师要充分了解客户的实际需要，并充分说明设计方案的局限性和优势。客户也要对设计人员充分、恰当、清晰地表达自己的需求。

六、初步设计与施工图纸

方案设计完成后，设计单位应重新进行初步设计和结构图纸设计。草图设计必须从视觉的角度展示细节和概念；初步设计通常包括总平面布置、立面、种植方案、技术细节和项目说明。根据情况修改图纸尺寸，制作施工图。

设计施工图包括总图、定位、竖向设计、建筑草图、给排水、电气照明、建筑和结构建筑图、建筑草图、景观设计、背景音乐、管道、标志等，避免含糊不清。反过来，设计师需要准备材料样品，如硬质材料、绿化材料、照明样品等。

七、施工

完成所有结构图后，将其用于投标。尽管过程各不相同，但合同通常出售给较低价格的承包商。签订工程合同后，承包商进行设计工作。项目时间是可变的，可能是一天或几个月。设计师必须经常到现场参观，即使没有承包商的邀请，景观设计师也应尽量亲临现场，观察项目的实施情况并提出需要注意的建议。在一定条件下，施工阶段经常会出现问题，设计者必须回答和解决。

在设计实施阶段，设计的某些方面发生变化的情况并不少见，设计者想要保证项目的顺利运行，必须针对这些变化尽快做出调整。

八、参与项目验收

（1）根据图纸检查一致性。检查位置是否与图纸相符，尤其是硬景和软景的规格是否与设计相符，效果好不好，是否存在安全隐患等。

（2）验收确认。签署竣工验收表，确认项目是否符合验收要求。

九、施工后评估与养护管理

一个完整设计过程的结束并不是标志该项目的完成，在设计过程完成后设计人员还需要通过观察和分析项目，找出设计的得失。这些观察和评估通常是在实施后完成的，一旦完成，设计者会从使用设计中学到更多的知识。设计师必须问自己："这种设计的形式和功能是先入为主的吗？""这个设计的成功之处在哪里？""有什么优点和缺点？""下次需要解决什么问题？"对于设计师来说总结、反思是非常重要的。从中获得的好处可以延续到未来的类似设计中，避免下次重复同样的错误。

设计程序的最后是维护管理。设计的成功不仅取决于精心设计的图纸和施工期间的保质保量，还取决于良好的维护管理。一个设计往往面临两个问题：资金不足和维护管理不善。建筑维护管理的目的是为了保持建筑美观并延长其使用寿命。

第四节　形态与要素在现代中国城市公共空间设计中的运用

一、形态因素在现代中国城市公共空间设计中的运用

（一）影响城市公共空间形态的因素

影响公共空间形态的因素有很多，如空间与自然条件的关系、空间的功能、公共构成和行为等。在这些因素的影响下，城市公共空间具有平面形态、空间尺度、界面形态、空间围合、空间层次等不同形态特征。康泽恩（M.R.G. Conzen）[1]总结了影响城市形态的关键要素，如土地利用、建筑

① [英]康泽恩.城镇平面格局分析：诺森伯兰郡安尼克案例研究[M].北京：建筑工业出版社，2011：17-21.

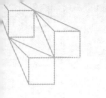

结构、地块格局、街道格局。这四个要素中有一些是相对稳定的，如道路格局，而另一些则是不稳定的，如土地利用。

在众多要素中，城市空间与建筑实体的关系是影响城市空间形态最明显、最直接的因素之一，空间形态存在于两者的关系之中。西方现代主义之前的城市公共空间在很大程度上被城市街区和建筑所包围，但现代城市建筑与城市空间的关系已经发生了变化。建筑单体往往独立安置在开放空间中，很少形成围合关系，直接影响建筑周边空间的形态，形成另一种公共空间特征。

如果说古代欧洲城市的公共空间在很大程度上是建筑之间有机嵌入的空间，那么现代城市的公共空间则更多是一个放置建筑的松散空间。这些松散的空间很多是负面的"匹配空间"或"失落空间"，然而缺乏连续性和整体感是导致大量当代城市公共空间识别率低、可达性差的一个非常重要的因素。现代交通工具改变了城市的规模和形象，改变了与底层的关系，改变了对公共空间的态度。

不同类型的空间对平面的形态有不同的要求。一般来说，平面公共空间的类型主要有广场、公园、绿地等；线性公共空间的类型主要包括道路、小巷、河流等。节点是在两个或多个上层公共空间的关系处形成的，呈直线状。节点一般是面积相对较小的面。当然，有时节点也有较大面积的面。例如，几条道路交会处的广场是作为节点的函数。除了空间，物理建筑、设施、艺术品、水体、植物也经常成为公共场所的一个节点。

（二）城市公共空间形态的具体运用

公共空间形态具体表现在尺度、围合度、空间层次等方面。

1.尺度

在不同的时代，由于公共生活方式是不同的，所以对公共空间的规模要求也是不同的。太大的空间会使人产生冷漠的感觉，而太小的空间会使人产生压抑的感觉。因此，公共空间的尺度必须以人为尺度。

公共空间的尺度也必须考虑到人类对空间的视觉感知。例如，虽然天安门广场比莫斯科的红场大6倍，但是去过这两个广场的人会发现，天安门广场并没有感觉比红场大6倍，主要是因为人类的视觉错觉。当人眼看到三维物体时，会出现透视缩短的现象，延伸到远处的透视线会缩短和倾斜。因此，人眼感知深度的能力远弱于感知高度和宽度的能力。

在公共空间的设计中，还必须考虑空间尺度与社会距离的关系。社交距离是与社区交流活动相关的距离，常用的社交距离数据有：

0～0.9米：亲密互动距离，即人与人之间亲密交谈或肢体接触的距离，当然也包括打斗距离。

0.9～2.4米：一般的谈话范围，是密切接触的人之间的距离，能够清楚地区分对方讲话的表情、细节和语气，限于两个人或几个人。

12米以内：公共距离，面部表情可清晰识别，适合二人或三人或团体交流。

24米：视觉距离，可以清楚地看到人物的身体和外貌。

150米以内：感受距离，识别人的姿势。

1200米：人眼的最大观看距离，可以看到人的最大距离。[①]

2.围合度

公共空间围合的程度取决于围合界面的封闭面积与开放面积的比值，围合与人的距离D与围合高度H的比值，以及围合的材料公共空间。封闭面积与围护接口开口面积之比越大，围护围合度越低；围护面与人的距离D与围护面高度H的比值越大，围护高度越低；覆盖材料越透明或封闭程度越低，透光率越好。

空间围合程度直接影响空间的通透性，即视觉或物理可达性。这种空间可达性对公共活动的机会和模式有直接影响。因此，对于公共空间，封闭空间的设计必须充分考虑对公共活动可能产生的影响。一般来说，更多的个人交流活动需要更高的保密性；而具有更高开放度和清晰的空间将鼓励更多的偶尔的公共交流。然而，开放程度过高或规模过大的空间会导致对社区的冷

① 王铁.外部空间环境设计[M].长沙：湖南美术出版社，2005：48–51.

漠感，使空间不友好，成为社区不想要的空间，不利于公共活动。

3.空间层次

城市公共空间很少是紧密封闭的，开放的空间会造成其他空间的渗透，如果巢穴和空间渗透有几个层次，空间之间会形成双重关系。根据中国古代园林理论，空间关系构成有18种场景分组技术[①]，通过各种组合和借用，空间可以在水平和垂直方向形成丰富的层次，虚实结合。围合界面的开合也可以引起不同层次的对比，形成丰富的韵律。虽然很多古代园林是私家园林，不提供公共空间，大部分建造理念很难直接转移到现代城市公共空间中，但只要有选择性地分析和借鉴这种造园空间处理的方法，如处理、整合、求变，那么总体而言，作为一种空间艺术，城市公共空间将更具吸引力。[②]

空间渗透具有引导人们感知和使用空间，引导人们的观点和行为的功能。空间秩序以空间的形式存在，但对其秩序的理解和感官体验发生在实践中。因此，城市公共空间也是时代的艺术。

二、构成要素在现代中国城市公共空间设计中的运用

城市公共广场、街道、公园和其他公共空间是以土壤、建筑物、植物、栏杆和水道等边界表面为界或以边界为界的城市公共空间。它们在周围建筑的内部相互渗透和互补，共同融入居民的城市生活。一个公共空间由许多物质元素组成，但一个单独的元素或几个元素的简单组合并不一定构成一个公共空间。只有当这些元素完全相关时，每个元素才能成为一个整体空间。

---

① 对景、借景、夹景、框景、隔景、障景、泄景、引景、分景、藏景、露景、影景、朦景、色景、香景、景眼、题景、天景。

② 孟彤.城市公共空间设计[M].武汉：华中科技大学出版社，2012：105-108.

根据空间元素的形状，可以分为基本要素、维护面要素、公共设施要素、公共艺术元素。该划分是公共空间在物质层面上的分类。从宏观上看，公共空间也可以看作由自然元素、人工元素和社会元素组成。[①]社会因素虽然是无形的，但能通过自然和人为的因素来体现，并受到各种因素的限制和影响。社会因素是决定公共空间形态的最具活力的因素。人类的动机和价值观往往是改变自然和人为因素的决定性力量。尽管人为因素和社会因素受到自然因素的约束或强加，但它们很少直接改变公共空间的形态，除非发生自然灾害等极端情况。[②]

1.基本要素

基本要素主要指城市公共广场、停车场、道路、水位、绿地、运动场、游乐场等。它决定了水平面上的范围和空间形态，这是城市公共空间的底层界面。

除了直接提供大部分明显的实用功能，如娱乐、休闲、交通、购物等，基本要素还可以通过它的形式设计在视觉上作出清晰的划分，如空间、色彩、材料的变化。许多城市道路依靠铺装材料的选择来调节行人或车辆的速度，这比强制方法更有效，也更容易被接受。同时，基本的曲面造型设计也能引发各种创意活动。例如，方形铺地图案可以用来玩跳房子的游戏；孩子们可以用沙坑来建造城堡；由于形状和声音的变化，水体可以触发丰富的活动。在此活动期间，自然会发生一些交流。

除了规范和鼓励人们的行为，基本要素设计也是公共空间艺术不可忽视的一个方面。基础表面处理可以有效调节空间尺度，营造多种艺术效果，营造场所氛围。底座对空间的限制可以通过排列、闭合、覆盖、升降、浸没、倾斜和变化来实现。

划界是指在同质的空间中进行标记的排列，空间会朝着物体聚集，形成

097

---

① 自然要素包括地形、地质、气候、水文、植被、空气、阳光等；人工元素包括建筑物、铺路、人工植被、市政设施、公共艺术品等；社会元素包括政治制度、经济、民族、时尚、传统、地方文化、人口结构、人口素质、人际关系等。

② 孟彤.城市公共空间设计[M].武汉：华中科技大学出版社，2012：110-114.

具有一定意义的场所。然后该对象形成一个定义周围空间的中心。空间不再是同质的，从中心到外围，物体的限制逐渐减弱。

围合限定是指垂直界定空间的方式，不同于围护面要素的围护方式，基面上围护结构较弱。

覆盖限定是指覆盖空间的上部，从而限定围护下方的空间。盖子可以是真实的或虚拟的，以形成不同的打开效果。一旦顶部和所有侧面都被牢固地定义，空间就变成了内部空间。有些空间由于界面覆盖而介于虚实之间或室内与室外之间，这些空间是"灰色空间"。比如街对面楼下的空间，在一些城市很常见，就是出顶盖形成的。

高度限制是通过地平面标高的变化使高架空间脱颖而出。高架空间往往是占主导地位的空间，可以在这个空间中使用边界划分方法来形成空间内的地标。在西方巴洛克风格的城市空间中，重要的地方往往会放置高高的基座，并在其上方放置不朽的雕像，以展示空间的主题。

沉降限制通过降低基面标高使局部空间独立于周围空间，这种处理空间的方法在可达性、安全性、维护性和清洁性方面容易出现问题，应谨慎使用。

坡度的限定即基面的倾斜，不仅可以限制空间，还可以形成不同空间之间的过渡关系。它通常用于结合场地的现有地形特征，有时也是具有特定目的的艺术处理。

变化极限通过几种变化来限制空间，基面可以加工成平地、坡地、楼梯，也可以对地板的材质、质地、颜色进行变化，给人以丰富的视觉和触觉体验。对此，很多大地艺术家的实践很有启发性。例如，1992年，邸乃壮在北京八大处创作了《天泉》，这被认为是中国第一部大地艺术作品。

2.围护面要素

围护的元素主要是指建筑物、墙壁、植物、垂直落下的水体，以及从垂直方向限制空间跨度的约束较小的柱廊。

建筑围护结构的内侧定义了内部空间，同样，建筑围护结构的外侧定义了城市的外部公共空间。这种类比很早就为欧洲人所认识，他们形象地将被建筑物包围的广场称作"城市的客厅"。这种户外客厅延续了室内的日常生活，将家庭成员之间、家庭成员与访客之间有限的人际交流延伸到更广阔的空间和更广泛的人群中。这些人可能是熟人，但更多时候他们很亲近，交流的形式比室内客厅里的交流更加丰富有趣。

一些重要的建筑物对这座城市有独特的价值。它们作为公共空间面纱的前端，赋予人们空间的个性，往往成为城市的象征。

然而，在公共空间的设计中，必须将周边既有的建筑围护结构作为整体空间的重要组成部分，才能创造出个性化、统一的公共空间。此外，公共空间设计师在很多情况下可以在一定程度上改变现有的围护结构，甚至将建筑表面作为城市公共艺术的载体，使空间的艺术品质得到升华。

除了建筑立面，独立的墙体、高度封闭的植物、垂直落下的水体、限制较少的柱廊都是空间的围合界面，比建筑立面更丰富、更灵活。在城市公共空间中营造丰富的空间层次和活泼的空间氛围是一种非常普遍有效的方式。

3.公共设施要素

一般来说，公共设施和公共艺术要素的体积小于基面要素和围护面要素的体积。它们有多种类型和形状。由于它们平易近人的规模和实用性，以及它们令人心酸的艺术影响，这些元素与用户的关系最为密切。

好的公共设施和公共艺术作品可以直接体现空间规划的人性化。城市公共空间中的设施是为居民提供生产、居住等公共服务的工程设施，是公共空间正常运行的基本前提。公共设施是一个系统的规划，主要包括休闲服务设施、交通设施、信息设施、照明设施、健康设施、安全设施、无障碍设施等。[①]

不同的地区、不同的历史时期、不同的生产力发展水平、不同的科学技术水平、不同的文化都对城市公共设施有不同的要求。此外，公共设施与城市空间的自然条件密切相关，如土地、水、山地、气候、植被等。受自然条件的限制，在公共设施的建设和改造过程中，要建设生态基础设施，合理利用自然资源，尊重和保护生态环境。

---

① 孟彤.城市公共空间设计[M].武汉：华中科技大学出版社，2012：153-155.

大多数公共设施是固定的或相对固定的，甚至是永久性的。它们已经被大众使用了很长时间，经常更新它们并不容易，更不用说拆除或丢弃它们了。公共设施的建设和维护成本是非常昂贵的，主要依赖税收。加强和完善监督机制，提升公众参与度，是确保公共空间合理、高效的重要途径。此外，许多公共设施是前人留下的历史遗产，久而久之就被视为珍贵的文物。

公共设施的设计不仅要考虑功能、技术、财务等方面，还要尽可能地设计出易于被公众接受的外观。某些设施隐藏的功能可以整齐地组合在一起，以将不太明显的设施隐藏在另一个更美观的空间中。从雕塑和装置艺术中，我们也可以学习如何将原本丑陋的空间变成有趣的公共艺术作品，让它们自然地融入空间。

4.公共艺术要素

公共艺术的概念自1990年以来一直在中国使用。公共艺术并没有忽视或排斥某些地方、某些人群，而是体现了一种更接地气、更本真的民主意识和人文关怀。

由于公共艺术是以某种艺术形式实现的，如雕塑、壁画、风景、大地艺术、装置艺术、行为艺术等，因此公共艺术概念的使用者往往无法区分这些艺术门类与公共的关系。在"公共艺术"的潮流中，公共艺术已经成为一个包罗万象的名词，引起了艺术理论、艺术实践、艺术教育等方面的混乱。由于对公共艺术的定义和定位缺乏清晰的认识，人们一直在思考是将公共艺术纳入现有艺术体系，还是重新引入以公共艺术为核心的新学科体系。许多高校的公共艺术教学也陷入混乱，影响十分严重。最直接的影响是人们质疑公共艺术的概念，"公共艺术"被批评为学术泡沫。[1]

事实上，广场和公园并不都是公共空间，雕塑、壁画、风景等艺术作品也不都是公共艺术。无论赞助人是公共的还是私人的、展览空间是公共的还是私人的，都不能作为公共艺术的衡量标准。就作品的展示空间而言，放置在公共空间的公共艺术作品往往比博物馆展出的作品更不易为公众所接触，

---

① 刘永涛."公共艺术"是不是学术泡沫[J].美术观察，2008（5）：3-5.

而且这些作品最初并不是为公众创作的。在时间上，由于一些公共艺术品的临时性，它们比博物馆藏品失去了更多的公众参与机会。

需要注意的是，在规划公共空间时必须考虑到街头表演的需要，并在合适的地方放置合适规模的空间。同时，要营造开放、自由、轻松、富有创意的空间氛围。公共空间的布局最好具有较强的一般性，不能限制甚至阻止公共生活的多样性，因此公共空间要求空间的功能不能过于具体和清晰，否则一些可能的活动将被抑制。一方面，在公共艺术创作中，要注意作品与空间环境的匹配，尤其是对历史街区等特色鲜明的公共空间，更要充分尊重其鲜明的特色。另一方面，公共艺术具有提升和改善环境品质的作用，主要体现在：公共艺术作为陪衬或饰面，可以重新发现、唤醒和强调场地的属性，使场地的艺术品质成为可能。场地升华方面，通过对场地的扰动或重建，建立作品甚至使用大地艺术等技术，重新排列土地，改变物体的外观，赋予场地新的特征。

除了传统的艺术形式，还可以通过改变光线、控制声音等潜在手段吸引人们参与。在互联网时代，人们通过电子虚拟空间进行交流。在这个新的公共空间里，公共艺术代表了一种新的形式。随着互联网的无线接入和快速发展，其影响力将远远超过传统媒体，公共空间和公共艺术的扩张将持续下去。

第三章

现代中国城市公共空间的
细节设计与多维属性

　　现代中国城市公共空间承载着城市居民的日常生活和社会交往，协调着人类社会与自然环境的关系，具有很高的辨识度和标志性。它构成了城市的整体框架，反映了历史和文化。它是城市内涵和特色的重要组成部分，其设计管理直接关系到城市的"综合竞争力"和"公众满意度"，是城市规划的核心。本章将对现代中国城市公共空间的细节设计与多维属性展开论述。

第一节 现代中国城市公共空间设计的光照与色彩设计

一、现代中国城市公共空间设计的光照设计

（一）现代中国城市公共空间设计艺术中的光影

在现代中国城市的公共空间设计中，公共空间通过自身的形态和空间捕捉光线，让人获得一种特殊的感受。灯光还通过其形状显示特殊的力量。要产生光影，需要三个先决条件：光源、产生阴影的组件和承载阴影的实体。要在空间规划中应用光，首先必须分析光源。在一般情况下，主要考虑直接自然光（阳光和月光）与照明。这就需要综合考虑现代中国城市公共空间所在位置的经纬度、方向、不同季节太阳辐射的长度、太阳辐射的百分比、不同季节太阳辐射的恒定性和频率以及周边环境。以下是现代中国城市公共空间设计中光影设计需要考虑的问题。

105

1.光影的位置条件

不同光影空间的特殊地理位置也对光影提出了不同的要求，需要考虑的因素主要是空间所在的周边环境、周边建筑物的形态环境和空间的构成、其本身的应用性质，这些因素对明暗的要求不同，也决定了光影存在的条件。

大多数商业空间自然光不足，而郊区或公共场所采用的以自然光较多。对于公园等休闲环境中的空间，需要尽可能多地采用自然采光。对于一些自然光有限的空间，如商业空间，更倾向于使用人造光，营造理想的视觉效

果。因此，在设计之初，设计师必须对空间的地理位置、功能用途和运用情况有一个全面的了解，这样才不会在现代中国城市公共空间的创意设计中出现对光错误使用的情况。

2.光影的计算模拟

在光的应用上，如果想在空间设计的阶段看到光影的效果，可以通过创造与空间非常相似的模型和环境来使用和设计光，如通过计算机模拟来理解光效果。具体而言，不同环境的节奏和变化，如阳光、月光、灯光等，应先找出哪种模型更适合现有空间的光影需求，然后用电脑模型模拟空间中的光影效果，从而确定设计方案。光的计算机模拟虽然方便直观，但对设计人员的技术要求很高，需要对真实的光照条件和模拟结果有详细的对比，并掌握解决相应光影效果的实践经验。

3.光影的艺术营造

光的变化会引起光影的变化，这也改变了人们对现代中国城市公共空间的认知。在光线充足的地方可以创造出明亮的艺术空间，这个空间中元素的呈现也会变得刚硬强烈些；在光线不足的情况下，空间的元素会看起来更柔和。在光影的对比下，空间有一种情致和韵律，可以营造出不同的意境。

（1）光影对自然生态的营造

这里借助光影营造自然生态主要是指自然光。自然光包括阳光、月光及其反射光。在自然光影的生态建设中，空间规划的做法是吸光、透光、镜面反射等。光的引入是指设计师以空间为容器，利用不同的采光口将自然光带入空间，得益于不同类型的光和不同的采光口形状，形成光带入空间的不同效果。透光主要是在公共场所使用透光材料来吸引自然光，光的强度和效果主要取决于光的种类、透光材料的材质和性能。除了直射光和透射光外，还有反射光，反射光主要是利用反光材料（镜子、不锈钢、水面等）反射光线，创造出各种反光和生态效果。

（2）光影对现代中国城市公共空间艺术形式美的营造

在现代中国城市公共空间的设计中，光影自由、变化的特点以及光影本身的视觉感染力可以增添多种艺术变化。

光影可以调整和改变现代中国城市公共空间中元素的比例，光影变化的自由度决定了光在现代中国城市公共空间内点、线、面的呈现。点有助于视觉聚焦；而线条则能给人一种视觉引导暗示；面因点与线的结合呈现出不同的效果，丰富多变，能以不同的比例给人以美感。另外，光影对于现代中国城市公共空间艺术感的形成也很重要。

（二）现代中国城市公共空间中的光照设计要领

光传递给人的视觉信息包括明暗对比、色彩对比和动静对比，这三种对比关系是突出景观照明物体的基本方式。

1.明暗对比

在现代中国城市空间照明设计中，经常会遇到这样的问题，视觉元素如何在夜晚黑暗的背景下脱颖而出？笔者觉得最直接的方式就是照亮它，而这个亮度应该在观看者的可视范围内。我们不可能照亮外太空的一切，但是可以把光影的本质想象成黑白两色。光影的分布要根据光源的变化节奏来确定，根据光源的具体情况，选择有针对性的照明的重要部分。同时，剩下的就是"留白"处理。具有图形特征的景观对象，当构图清晰且视觉背景足够明亮以吸引观看者的注意力而不妨碍任何感知时，观看者会觉得它很漂亮。另一方面，过度的亮度对比会刺激观看者的眼球，分散其注意力，严重时甚至会造成眩光污染，从而产生较大的负面影响，如观看者对风景物体的反感，浪费电等。因此，在设计照明时必须设定适当的亮度标准，以防止出现浪费能源的现象。

2.色彩对比

大多数情况下，色彩对比的效果来自色彩、亮度和其上方区域的效果。一般来说，面积小、色度高、亮度高的色彩在视觉上更突出。因此，在设计空间照明时，要充分考虑空间环境与色相、色度、亮度等因素的关系。对于更好的景观物体，需要通过高显色性光源进行色彩还原，利用色光营造色彩对比效果，增强景观物体的视觉突出度和吸引力。比如，西安大雁塔音乐喷

泉广场夜景（图3-1），广场以地下水池表面、LED灯带等照明设备装饰，使喷泉的光与水的色彩有机地融合在一起。在照明设计中，利用色彩对比来营造冷暖、前后、大小等空间印象非常重要。

图3-1　西安大雁塔音乐喷泉广场夜景

3.动静对比

景观照明的一大优点是可以通过人工控制产生各种灯光效果。运动和变化的物体往往比静止的物体更具动感和吸引力，因此，如果可以通过光的效果让景观物体"运动"起来，就可以使景观物体为城市夜景增添许多趣味，并使之成为城市公共空间的独特、个性景观。例如，世界上最大的水上摩天轮就位于苏州金鸡湖的东岸，景观设计中的风车和喷泉是非常重要的动态元素（图3-2）。在现代景观照明设计中，荧光灯、激光泛光灯、LED灯等各种光源都可以在手动控制下实现动态效果。目前，随着照明技术的飞速发展，动态泛光照明也得到了广泛的应用，为城市景观增添了无限魅力。

图3-2 苏州金鸡湖东岸一角

4.节奏与韵律

节奏是有规律的周期性运动。物体运动变化的秩序之美和规律之美，取决于节奏的强弱，即所谓的节奏之美。韵律是在节奏上进行更深层次的形式变化和和谐统一，它可以根据节奏改变。节奏和韵律的侧重点不同，节奏侧重于变化的规律，而韵律侧重于动态的情境和变化的律动之美。

在灯光装置的节奏设置下，灯光本身就可以很好地表现出韵律感。再加上光的色彩和亮度的变化，可以创造出一种动态的、有韵律的美感。

二、现代中国城市公共空间设计的色彩设计

（一）色彩在现代中国城市公共空间艺术设计中的作用

色彩在现代中国城市公共空间艺术设计中的作用主要体现在以下两个方面：

（1）设计色彩帮助我们在制定设计方案时营造艺术氛围。我们生活的世界瞬息万变，这就要求我们设计的作品要与不断变化的环境相关联。在不同的环境、不同的日照条件以及不同的时间条件下，公共空间艺术品与周边环境的效果是有很大差异的。

（2）设计色彩有助于表达现代中国城市公共空间艺术品的美感和内涵。如何使用色彩来组织图像和设置场景对于塑造我们需要的视觉体验非常重要。例如，在公共空间艺术创作中创作壁画时，应讨论色彩的重要性。再例如，项目要求在该地区的街道上进行造型艺术，那么在进行色彩分析时首先要考虑环境，包括自然环境和人文环境。①

---

① 自然环境分析是指作品所处的环境是一种什么样的色调，作品的色调应该如何融入环境，如何表现出艺术魅力。人文环境分析是指哪些色彩能够传达当地的文化特质和当地独特的人文情怀。

（二）现代中国城市公共空间中色彩设计的基本要求与方法

色彩是现代中国城市公共空间设计中最令人印象深刻的元素。设计可以按原色和修饰色彩分类。原色是物体本身的色彩，主要表现为赏石、绿化等。与自然因素相协调，与环境相协调，按照原色配置的现代中国城市公共空间艺术，可以最大限度地发挥自身的自然美感。装饰色彩是人造的，尤其是在泥泞的人行道、公用设施和公共雕像上。色差会直接影响人们的心理感受，因此在设计中需要结合现代中国城市公共空间中艺术设施的使用属性及其受众群体，选择合适的色彩表现形式，并与周围环境相结合。色彩设计的基本方法包括以下三个方面。

1.确定主色调

现代城市公共空间的色彩必须通过主调和基调来反映环境的风格和氛围。在大型城市公共空间中，主色调延伸到整个空间，在此基础上考虑局部的变化。主灰度的确定对空间表达主体起着决定性的作用，因此在色彩设计中必须首先考虑背景、主体和焦点。同时，不同色彩的空间构件（墙壁、设施等）之间的色彩关系形成多层组合。

2.协调与统一

确定了主色调后，就要考虑各种色彩的分布比例。主色调一般占据较大的面积比例，而次色调需要与原色调协调，比例较小。色彩统一也可以通过不同材质的搭配组合来实现。

3.加强色彩感染力

背景色、主色和强调色之间的关系相互影响又相互关联，不仅要有清晰的主次关系、层次关系和视觉关系，还要灵活处理色彩的重复和呼应、节奏与韵律，并以对比色衬托。例如，设计师对深圳香蜜公园五彩桥（图3-3）进行了构想，在不改变原有结构的前提下，以缤纷的色彩及全面的功能性为城市生活增添了全新的乐趣。

图3-3　深圳香蜜公园五彩桥

（三）现代中国城市公共空间的色彩环境结构

现代中国城市公共空间的艺术与城市的区域空间结构有部分关系。现代中国城市公共空间艺术色彩的环境结构，离不开城市色彩环境结构的整体框架。城市的每个区域都有不同的空间站，在现代中国城市公共空间的整体结构中有不同的任务和位置。在分析现代中国城市公共空间的艺术色彩时，应该放在整体空间中考虑，色彩解决方案应该是从整体到局部，从宏观到微观。

1.城市整体色彩空间的结构要素

城市色彩必须与现代中国城市公共空间的结构形式紧密结合，这就需要利用空间的"点、线、面"来设计框架。在设计城市色彩的整体空间结构时，设计的主要内容有三点，即明确各城市色彩层次的节点排列、明确各层次的轴向排列、细化色彩街区。[①]

2.城市公共空间色彩规划的内容

城市公共空间色彩规划的内容有如下三个方面：

（1）道路两侧被建筑物包围的空间，即街道的线性空间或街道立面的色彩。

（2）带有街道交往功能的位置和节点空间色彩，如广场、路口、转角、庭院、公园等。

（3）道路和路网，即街区的色彩。

值得注意的是，现代中国城市公共空间艺术的色彩应根据城市环境的色彩结构进行分析和塑造。要查明建成区是否制定了小区总配色方案和小区色彩规划的详细方案，如果有，必须作为实施作品配色方案的依据，设定区域的空间结构；如果没有，则需要补充这方面的主要内容，如作品设定区域中"点、线、面"色彩空间的结构关系。主要设计内容是：明确街道各层节点、轴线、街区的布置；找出城市街道空间中每栋建筑的色彩关系；阐明城市景观中的节点和界面及地位；明确城市景观模式中某些建筑物的色彩。[②]

（四）现代中国城市公共空间的色彩感知设计

色彩设计经常与造型设计同步相结合。色彩不仅会给观者带来先入为主的第一印象，甚至会影响设计阶段设计师对色彩的主观感知。这种效果通常会导致色彩选择错误，如区域、形状、位置的相同色彩变化会改变设计师对它的初步评估。

[①] 这里列出的节点是整个城市配色方案中的色彩亮点和地标，可以起到地标的作用，提高场所的辨识度，在整个城市的配色方案中起主要作用。轴线是整个城市色彩体系中的一个彩色框架和典型的景观廊道。街区是构成城市整体色彩的基本单位，街区的色彩属性直接影响着城市的色彩属性。

[②] 李楠，刘敬东.景观公共艺术设计[M].北京：化学工业出版社，2015：104-106.

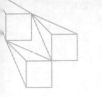

从色域对比来看，同种色彩的面积越大，纯度和亮度越强；反之，纯度和亮度越弱。例如，亮色的面积越大，会显得淡且鲜艳，同样条件下越暗的色彩会显得越浓且鲜艳；面积相同的两种色彩对比最强，而面积差异比较大的两种色彩对比较弱。这时候面积大的色彩会成为整体的主色，而面积小的色彩会与对比的色彩呈现互补色的倾向，即使面积小，也会显得明亮有光泽。

色彩是呈现在艺术造型上的，其造型不是一种单一的形状，有的甚至表现出复杂多变的造型结构，所以形状对色彩对比的影响很大。总体来说，简单有序的结构，色彩与周围环境对比强烈，具有一定的色彩冲击力。对于复杂和分散的形状，色彩对比度会随着形状的分散而减弱。

色彩间距也会导致对比度、强度的变化。当几种色彩混合时，对比度最强。分离后，对比度略有降低。对比度随着距离和位置的增加而降低。此外，通过调节色调、明度和清晰度的对比变化，作品的色调会有不一样的观感和氛围，可见城市公共空间色彩设计的过程是一个不断测试不同色彩组合的过程，旨在从几种配色方案中找到最合适的配色方案。

为避免色彩的主观影响，设计人员在进行城市公共空间色彩设计，特别是现场环境色彩调查时，应准备一套建筑装饰涂料的不透明色卡作为色彩模拟工具。卡片可以代替电脑软件的配色功能，帮助设计师理性认识环境的色彩，对判断现代中国城市公共空间艺术的配色，具有很大的辅助和指导作用。

在掌握了周边环境的色彩分布后，将进入现代中国城市公共空间艺术的实色设计阶段。在这个阶段有很多事情需要注意，但要特别注意两件重要的事情，即区域特色和配色的次序与和谐。每个地区应根据当地的气候、风土人情和历史文脉，设计独特的风格，并体现在街区、建筑形式、材料和色彩的使用上。利用色彩研究分析得到信息以后，可以再进一步提炼和灵活运用适应地域特色的色彩，调整整体色度的相关性，尽量做到作品与环境协调，充分发挥地域特色。

前面论述的现代中国城市公共空间的艺术实践与色彩设计息息相关。接下来讨论色彩的匹配顺序和调和及特定色彩的应用。例如，周边的环境色彩往往带有淡淡的暖灰色，城市空间作品的色彩也应考虑在这种色彩中，并通过调整色彩的明暗度和纯度，将适当的色调进行汇总和混合，达到与该区域色彩的匹配。

虽然环境的基色代表了区域的特点，但是环境的基色也会根据空间的性质进行调整，有些区域会使用几种色彩的组合，并不是所有的色彩都集中在同一种色彩系统上。无论是单色系还是多色系，使用与环境相似度高的色彩，往往会因为缺乏色彩对比而让人觉得单调乏味，没有吸引力，在这种情况下，可以增加对比醒目的互补色，突出色彩在整体基调上的变化。至于对比强度，还需要通过调节亮度和纯度来实现，色彩越亮，越刺激感官，印象越深。总之，色彩变化可根据环境基调、作品形式、主题等因素的现状灵活运用。

第二节　现代中国城市公共空间设计中的视觉导识设计

一、现代中国城市公共空间视觉导识设计的作用

115

现代中国城市公共空间"视觉导识设计"的主题是通过文字、图形、象形文字、语言形式、色彩照明等手段实现公共视觉服务的设计。具体而言，视觉导识设计为大众提供引导、介绍地标、指示区域位置、人文关怀提示、社会警示、社会信息传播等内容，它是城市规划与服务的技术整合，也是基于对人们生活和工作需求的全面理解，它的目标是改善该地区城市的所有区域活动。它的使用范围可以说包括了城市建筑的方方面面，无论是居住的社区，还是行走的街道，或是悠闲散步的广场，购物的商场，都需要视觉导识来提供帮助和服务。社会弱势群体、老年人和儿童对城市视觉导识系统的要求更高。

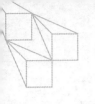

二、现代中国城市公共空间视觉导识设计的类型

现代中国城市公共空间中的视觉导识类型特别复杂，涉及面广，形式多样，但为了明确它们的共同特点，可以作如下分类。

（一）按视觉形态分类

（1）文字指南。它指仅使用中外文字来传达信息的指南。这类指南要求文字简洁、突出关键，版面符合常人的阅读习惯，主题突出、吸引眼球。

（2）图解导识。它指仅使用图形或符号来传达信息的指南。此类指南往往使用熟悉的图形来表达信息的含义，简洁明了。

（3）图文导识。它指同时具有文本和图形的指南。这种导向设计适用于大部分公共场所。考虑到语言差异的可能性，可采用图文结合的引导系统完成信息的传递。

（4）实物导识。它指使用模拟动物、植物或其他形式来传达信息的指导。这类导览设计往往利用雕塑来逼真地展示吉祥物、重点产品或特殊的图标形状，以吸引人们的注意力和兴趣。

（二）按视觉符号分类

（1）数字符号。尽管数字的可视化不如图形清晰，但在当今的数字化中，它与任何其他符号一样，具有无可比拟的功能。它们包含的图像揭示了人类数千年来对自然和人类社会进行总结和组织的态度和能力。它不仅可以通过视觉手段来传达信息，还可以借助秩序来实现信息的快速交流。

在世界上常用的阿拉伯数字0、1、2、3、4、5、6、7、8、9中，任何一个数字都可以根据现实生活中的常规解释来轻松理解，这种解释在人的意识深处已经存在。因此，数字是最容易理解的传统符号和跳跃符号之一。

（2）指示符号。指示符号是与其所指对象具有逻辑关系的符号。在城市视觉导识系统中，指示符号的使用非常广泛。例如，路标是道路指示符号，门是建筑物出口的指示符号，箭头表示直线方向和转弯方向，男女图像分别代表男性和女性厕所，等等，它们都是根据各种城市建设需要而开发的。

（3）图形符号。图形符号是模拟对象或与对象相似而构成的符号，所使用的图像与其内容有相似之处。图形具有感性的形象和理性的内容和意义，可以给人留下深刻的印象。

三、公共艺术形态下我国城市公共空间视觉导识的设计取向

一座美丽的城市，不仅是功能的组合，更是可以欣赏和感受的对象。对于现代城市来说，城市标志与城市建筑、环境和景观的关系密切相关，甚至一些公共标志像建筑物一样成为标志性标识。艺术就像一条链条，将城市中的公共建筑、公共环境、公共向导与公众联系成一个有机的整体。在这个有机整体中，城市建筑物的艺术定位主要体现在以下几个方面。

（一）与建筑同筑

在建筑空间环境中，特别是在文字、图像、图形、声音等信息载体的建构中，不仅是城市建筑物系统，灯光、色彩、材质、道路等也都发挥着重要作用。与之相关的地面、墙面图形、雕塑、载体形式等也都成为潜在的标识要素，具有视觉识别、导向和艺术象征的功能。这些深层次的因素构成了城市视觉导识系统艺术产生的基础。另外，与城市历史、文化、地理、经济结构相关的城市总体规划体系和建筑体系，也随着城市的传统习俗而具有自己的特色。

（二）与环境共融

城市视觉导识的设计不能基于个人的喜好，必须考虑到社区的文化认同

和特定区域的环境特征。然后尊重环境的原始特征，如景观、气候、光线等，保持人流及时间产生的全方位因素，使人文景观与自然景观并存。需要注意的是，尊重环境不是简单地利用环境，而是以公共艺术的形式呈现城市设计的价值取向。比如上海南站南北广场的地下通道，根据环境特点，在过道上方布满了彩灯。这些灯形成了一个共同的引导带，就像星系一样。在引导带的引导下，乘客可以轻松地找到地铁换乘。

（三）与公众对话

与传统意义上的公共艺术和视觉导识设计不同，以公共空间艺术形式存在的城市视觉导识体系更紧密地体现了一种"人—机—环境"与公众人文关怀的互动，它不再只是被动的信息接收者，而是更为主动地参与形成互动，只有这样，才能完成城市视觉导识的使命，体现其作为公共艺术的完整性。例如，上海地铁站强烈鼓励乘客到自助售票机购票。第一次到达异地的乘客可能会觉得有点不舒服，但售票机简单易用的设计界面有效地解决了出行问题——只要用触摸连接两个有效位置——引导系统会立即通知公交路线，以图像和文字的形式向乘客提供票价和其他信息。这种自主、互动、参与的形式，迅速消除了公众对异地的陌生感。

四、城市公共空间视觉导识系统的设计主体与数字化技术

城市视觉导识系统与数字技术的结合带来了巨大的力量和变革。未来的社会是以互联网为代表的信息社会，随着第四媒体网络的诞生，人们对信息的获取大多是利用多媒体技术。这同样适用于当今的城市视觉导识系统，数字多媒体工具允许传感器以交互方式选择信息。作为一种新的方法和工具，数字技术服务于两个不同的设计主题。城市视觉导识系统作为一个双向交互的循环过程，既可以满足公众根据主观需求选择信息，又可以扩大信息量。

同时，数字城市视觉导识系统也解决了城市环境中最活跃的人流与固定"路标"之间的冲突问题。未来，它会显示在手机、手表等随身物品上，成为一种随身而行的工具，为识别者提供即时的导向。

数字城市视觉导识系统也体现了其强大的交互性，将人们从物理信息传播时代带入虚拟网络信息传播时代，将人们从以往的线性思维中解放出来，使其投入网络思维中。脱离单向沟通的人有更多的选择自由和参与的机会。同时，数字城市视觉导识系统也对一些信息进行了自己的反思，实现了双向通信。当然，这也对设计师提出了更高的要求。原本纯二维的控制系统正逐渐被多维控制系统所取代，设计者不得不将部分精力投入设计表达手段的研究上。新的设计方法、设计理念的产生和科技的发展进一步推动了城市视觉导识系统的全面发展。

第三节　现代中国城市公共空间设计的多维属性

一、艺术性

现代中国城市公共空间的设计应展现城市形象，艺术定位得当，能适当发展，满足社区审美需求。现代中国城市公共空间的设计形式，首先要设计好人造环境、建筑布局和艺术设施布局。主要目标是营造富有美学的视觉空间环境。其次，视觉美也体现在物体的运动中。它存在于场景的空间形式和运动的平衡中，也存在于物体所代表的光和色彩中。因此，美成为衡量现代中国城市公共空间意境成败的指标。

对现代中国城市公共空间艺术美设计的建议主要有以下几点：

（1）城市规划方面。在空间规划中，要为现代中国城市公共空间提供充足的建设用地，合理选择城市地区人口相对集中的地块建设公共空间。加强与相关部门的沟通，了解公共空间街区的建设规划、用途和功能，整合信息获取，使规划方案与建筑要求更加一致。

同时，在规划过程中，要充分考虑配套公共空间发展的设施规划和周边环境布局。从民意出发，规划要科学合理，确保合理发展、群众满意和设施完善。提升现代中国城市公共空间的艺术性，需要多尺度规划，宏观、中观、微观规划尽可能细致精准，多方完善规划并由多部门联合讨论，并广泛征求公众意见。

（2）公共基础设施方面。在公共基础设施方面，主管部门应与其他主管部门在规划和实施中交换信息、沟通和合作。例如，公共基础设施设计、材料选择、文化遗产、实用功能等，都需要多个主管部门共同研究和规划。目前，公共空间的大部分基础设施都缺乏雕塑、广告牌、互动装置等艺术装置，必须与工作单位、合资企业和当地优秀设计师密切合作生产和提供。这些艺术装置有利于诠释和扩散了当地的城市精神，加深市民的认同感和思想认识，同时提升市民的生活体验和审美水平。

（3）思想、人才及资金方面。为提高规划部门和公众对现代中国城市公共空间的艺术认识，提升规划部门的整体业务水平和创新能力，应积极争取与顶尖规划设计人才互动。通过加强高层次人才与设计单位的联系，引入合作模式，提升现代中国城市公共空间规划设计的艺术性。在融资方面，通过优化资源配置，扩大市场资本引进，获得更加合理的资金支持。

二、科学性

新一轮科技革命和产业转型加速发展，凸显了提高我国科技创新能力的紧迫性。在未来现代中国城市公共空间的发展中，科技创新对现代中国城市公共空间发展的影响将越来越深，越来越广。

科技创新是现代中国城市公共空间发展的创新源泉。未来，城市公共空间发展除了对城市整体经济、居民数量和面积进行评估外，还需要对城市发展实力和水平以及科技创新能力进行评估和衡量。科技创新将提高互联网的效益转化能力，提升新能源和新材料的开发应用水平，使之成为未来经济和城市发展的核心支撑力，与现代中国城市公共空间发展结合得更加紧密，同时贯穿和影响现代中国城市公共空间发展的每一个环节，并将所有要素结合在一起，发挥更大的作用。

科技创新将影响现代中国城市公共空间的每一个组成部分，使各要素都实现质的提升，进而带动现代中国城市公共空间的整体发展。科技创新将更好地促进地区和城市的教育发展，培养更多的城市建设人才；科技创新会更好、更快、更优地利用新能源，从而改善生态环境质量，实现自然环境与经济社会之间的协调发展；科技创新也将改变人们的思想观念，促进体制机制改革，在制度层面保障城市建设朝着科学化的方向发展，减少发展阻力。所以，在未来现代中国城市公共空间的发展建设中，科技创新将成为源动力和重要推动力，全面综合地提升现代中国城市公共空间的发展质量。

三、技术性

5G、人工智能（AI）、物联网（IOT）等智能技术的应用，将使现代中国城市公共空间中的一切数字化、互联互通，加速城市在智能化时代的发展。

智慧现代中国城市公共空间的设计对象不是僵化的静态城市空间，而是具有高流动性、智能化、共享性的多维现代中国城市公共空间。新时代生态文明建设不仅要注重创新智能技术的应用，更要通过各种要素和资源的合理配置，提高智能发展能力。

信息技术融合的创新和复杂应用，可以支持人际关系的和谐，支持空间与物质空间的和谐发展。理解智慧城市规划，首先要充分了解智慧技术的应用对传统城市发展中区域系统空间结构和运行机制的影响。为了人与地球之间的和谐，请考虑智能技术的作用，重点研究城市人地系统各要素的运行方式和联系，以及智能技术的复杂应用对人类活动和环境的影响。

智能技术作为人类城市公共系统的重要组成部分，是社会经济功能和公共服务的子系统，改变了各要素的结构和流通方式，影响了要素的相互作用和秩序。在人地体系中，需要摆脱技术决定论的思想，将城市公共空间视为一个智力有机体。综合分析不同尺度的技术要素（网络信息技术、交通技术）、操作系统要素、相关要素（住宅活动、商业活动、公共空间）、系统物理环境（局部空间）等；分析几个元素之间的形式或机械相互作用，探索和发现各种形式的空间，并构建智慧人地系统。

智慧型城市公共空间规划的逻辑是动态的，必须适应不同的环境和社会发展需求。在社会发展的每个阶段，智慧型城市公共空间都面临着各种各样的问题。今天和未来五到十年的智慧型城市公共空间规划逻辑必须基于人、技术和空间相互作用的规律。确立城市公共空间智能化发展的战略方向，一方面是为了合理配置资源和组织空间，另一方面是为了引导居民采取措施优化人地关系。同时，智慧型城市公共空间规划不仅是基于数据的规划，也是基于大数据、人工智能等新技术的空间规划。智慧型城市公共空间规划也强调了新的空间技术和方法，支持高效的资源配置、空间组织、城市交通效率，为提升城市品质提供支撑。

四、社会性

在我国，城市公共空间应该组织各种休闲活动，满足人们的休闲需求，提供良好的户外休闲空间。设计城市公共休闲空间最重要的目标是"以人为本"。"以人为本"设计创造的公共休闲空间与人们的生活和空间有着互动的关系，它是顺应当前构建和谐社会、加强城市文脉可持续性、提高市民生活质量、改善环境的重要方向，对营造出人性化、积极的城市公共空间等有很好的现实意义。

现代中国城市公共空间的社会性是城市社会学中与城市规划相关的一个领域，因此有别于城市社会学的其他领域。现代中国城市公共空间的社会理论以心理学、城市地理学、空间经济学和人类生态学为基础。在我国，该领域的研究起步较晚，指导现代中国城市公共空间设计的理论较少。现代中国城市公共空间社会化研究作为城市规划社会化研究的一种形式，主要是为了满足人们的休闲需求，对现代中国城市公共空间的设计有很好的启示作用。研究者杰弗里·戈比（Jeffrey Gobi）说："这些空间不受外部文化和物质环境的压力，能感受到每个人本能地热爱和珍惜的相对自由的生活。因此，它应该是一个人们可以自由参与，为创造和分享服务的公共场所。"[①]在城市公共休闲空间设计中要引入文化品位空间，使空间活动多样化，创造友好、舒适、轻松、平等、自由、特色、动态的现代中国城市公共空间。

五、地域性

现代中国城市公共空间的区域优势是指一个城市基于一定的历史发展而不同于其他城市的特征。长期的发展让城市变得与众不同，公共空间区域是城市的象征，可以给人留下深刻的印象。历史名镇的建设往往与其地域特色密切相关。例如，南京是"襟江抱湖、虎踞龙盘"的城市形态；常熟古城是"十里青山半入城"的不对称均衡城市格局；桂林是"山、水、城一体"城市形态。通过规划者的艺术创作和改造，如自然景观与人工景观的结合，不仅满足了城市的功能需求，而且在艺术领域也取得了成功。

城市公共空间之所以如此受关注，不仅是因为其拥有优越的物质条件，还因为其自身的地域文化。说起西安，很多人都会想到它丰富的文化和历史。从西安的城市公共空间规划中也可以看出，古都四面八方的空间格局，蕴含着中国最传统的"礼"。西安"礼"的概念应用于城市公共空间规划，与其他依赖自然的城市公共空间有很大不同。如今，西安已成为具有东方历史文化特色的国际化大都市和世界文化之都。

现代中国城市公共空间的地理优势，让人们回归到最自然、最舒适的生

123

---

① 黄亚平.城市空间理论与空间分析[M].南京：东南大学出版社，2002：52-54.

活状态。现代城市的钢筋混凝土给人很大的压力，而传统的区域性建筑材料和工作方法可以帮助人们放松身心，在忙碌的工作中享受宁静。

六、民族性

城市公共空间规划的民族性是指根据民族的文化传统和审美意识，运用民族独特的表现形式和技巧，反映现实生活，使空间规划作品具有民族气息和民族风格。我国有56个民族，每一个民族有着丰富的民族文化和传统。从气势磅礴的皇家园林到细致优美的私家园林，从紫禁城的城墙到瓮墙院落，富有地方特色的民族景观举世瞩目。

七、媒介性

现代中国城市公共空间设计中的文化建筑空间，作为一种直接或间接传递信息的手段，为各种社会行为和交流活动提供了可能性和平台，最终传达了某种精神意义。城市公共设计中媒体文化建筑空间的性质主要包括两个方面：一是基于公共文化建筑空间的基本媒体属性；二是公共文化建筑空间向城市公共空间领域的拓展。

随着互联网技术和新媒体产业的飞速发展，人类社会的传播活动越来越活跃。在这种情况下，建筑空间作为一种传统的交流方式的意义和形式不断发展。

新技术的介入不断消除和打破空间和时间的界限。建筑空间可以通过技术传达更多的信息，但这不仅取决于观众的参与，还取决于其具有的简单性和多样性。媒体建筑空间、交互空间、虚拟体验空间等概念在观众的视野中得到体现，一定程度上丰富了建筑空间媒体属性的呈现。

探索以媒体为载体的城市公共文化建筑空间，就是从独特的视角去思考其设计和开发，这能够更加清晰、更加有效、更加充分地发挥文化传播的作用，提升城市的文化内涵。

现代中国城市公共文化空间建筑的建设是一个复杂的过程，需要决策者、设计师、群众和经营者共同参与。要营造真正适合群众的公共文化环境，必须兼顾文化产业的改革、建设技术的进步、城市文化的延续与现状等。

八、公共性

城市空间的公共性是物质空间的属性，它容纳了人与人之间开放、真实的交流。现代中国城市公共空间是具有一定社会公共性的场所。城市的所有居民都会参与到现代中国城市公共空间的使用中，因此设计师在设计现代中国城市公共空间时应充分考虑市民的意见，同时尽可能地理解市民的想法。我们可以通过问卷调查的方式获取大众对城市空间设计的意见，了解市民的喜好和观念。只有充分理解市民的思想，才能创造出能够满足市民需要的现代中国城市公共空间。

九、象征性

象征主义是用一定的形象来暗示一个人或事物，表达真挚的感情或深刻的意义。物体对事物的表示称为象征主义。在中国现代城市公共开放空间设计中，可以体现各种科技的象征意义和文化特色。现代中国城市公共空间的符号形式主要包括布局规划和详细设计。例如，葫芦岛市和平公园内，和平祈福台通过方与圆台地，象征永恒。再如太原五一广场，也是运用象征手法的典型例子。它位于公园迎泽街东侧，呈方形，设计独特，造型优美。27米高的桅杆象征着270万太原市民热爱中国、建设太原的坚定信念。国旗旗座面积为30平方米，承载着3000万人的共同心愿。旗座周围的96平方米是用红砖铺成的，象征了960万平方公里的神州大地。象征性的符号经常被用来表达希望和愿望，无论是雕塑还是在人行道上。

十、纪念性

近年来，融入人们生活的城市公共艺术空间不断增多。相对而言，这些不是重要的历史遗迹、博物馆、展览空间等景点，而是开放的、没有门槛的、露天的、深受城市居民欢迎的现代中国城市公共空间。公共艺术作为现代中国城市公共空间的重要元素，有助于建立市民与城市之间的联系，增强他们的认同感和亲近感，增加他们对城市的记忆。人们不需要参观城市的代表性景点，只要在日常生活中利用公共艺术的帮助，便可唤起他们美好的回忆和愉快的审美体验。

现代中国城市公共空间的纪念性可以通过艺术表达，用物理实体构建空间，帮助人们保存或唤起对过去，尤其是对公共事务的鲜活记忆，铭记公共艺术创造的公共空间，有助于人们缅怀故人，铭记人性，放松思想包袱，展望未来。

建设纪念性公共空间的目的是纪念、借鉴历史、吸引和教育下一代人、促进中国与各国人民的交流等。在设计内容和形式的过程中，预期的建造目的具有很强的影响作用。从根本上说，"过去"不是简单地构建在"现在"的空间中，是对未来的渴望，是希望历史不再重演，因此仅再现或追溯过去的事件是不够的。对外国游客来说，纪念性公共艺术传达出来的信息既不应该有负面影响也不应该遭受忽视。游客在自身经历的基础上扪心自问：哪里会出现类似情况？如果我遇到这种情况，我该怎么办？我应该怎么做才能防止类似情况再次发生？纪念性公共空间设计的目的是给人们一种强大的体验。

现代社会的纪念空间应该能促进社区亲密度，这有利于吸引游客。在这里，人们可以进行相关或不相关的活动，使居民和游客产生共鸣并在情感上联系起来。成功的例子是《永远的握手》，该作品坐落于澳门孙中山纪念公园，材质是钢，设计师和雕塑家是刘桂兵。雕像的主要目的是见证中葡400年的历史和友好关系。雕像的两条重达四吨的手臂，逼真、沉重且有力，以握手的方式表达了两国古老的友谊。这座纪念建筑位于一座开放的庭院中，因为它的造型简洁明了，所以对于观众而言其审美就不存在疏离感。人们可以在雕像前的椅子上放松身心，孩子们可以在雕像周围活动。公园内的人工湖、拱桥、凉亭、体育设施和温室使公园的纪念意义更加浓烈，使艺术融入市民的日常生活，没有距离感。

21世纪，我国现代城市公共空间不再是单纯的田园景观，而是一种真实的、空间的、动态的过程和活动，旨在为人们提供积极而有意义的社会活动的空间。纪念性城市公共空间艺术设计应立足于社会的共同记忆，因此为了加强社会记忆，设计师需要思考纪念性城市公共空间艺术应该给予人们的感受和条件。

CHAPTER 4
第四章

现代中国城市公共空间专项设计研究

　　现代城市的多样化和快节奏对城市公共空间的要求越来越高，人们如何使用这个空间，停留或行走，享受或怀念，庆祝或冥想，紧张或放松等，是决定城市公共空间设计形态的重要因素。根据人们对空间的使用不同，可将城市公共空间设计分为各个专项。随着环境行为理论和研究在城市公共空间专项设计中的广泛应用，城市公共空间专项设计更加具有舒适性和便利性。本章将对现代中国城市公共空间专项设计展开研究。

第一节　现代中国城市公共广场设计

一、城市公共广场的作用

城市公共广场通常是城市人口社会生活的中心，尤其是社区活动的空间。人们可以在广场内开展集聚、交通配送、市民观光休憩、商业服务和文化宣传等活动。

城市公共广场随着时代的变迁不断发展。行政、文化、娱乐、商业等公共建筑往往散落在城市公共广场周围。广场内布置公共设施和绿化空地，可以集中地表现出城市环境的面貌。

城市公共广场的作用在某些情况下可以决定城市的位置和规划设计，有时还可以支撑城市重要公共建筑的建设，如政府大楼、博物馆、剧院等；更多的广场在交通控制、日常生活和体育活动中发挥重要作用，以满足日益增长的城市空间环境对艺术和美学的需求。

二、不同形状的城市公共广场

由于受观念、传统、气候、功能、地形的限制和影响，广场设计在形式和表现方法上存在差异，表现形式大致可分为以下两类。

（一）规则的几何形广场

规则的几何广场主要是基于相对规则的地形平面，如方形、圆形（图4-1）、梯形等，按照常规几何方法构建广场。规则几何广场的中轴线方向性强，主体建筑和视觉焦点通常以中轴线为中心，主题和设计目标比较强烈，其特点是地势相对平坦，轴线清晰，布局对称。

图4-1　规则广场

（二）不规则型广场

因周边建筑或历史原因限制发展的广场，其他受地形条件限制的广场，对这种表现形式有自觉的向往。不规则型广场的位置和空间尺度的选择比平时更加自由，可以广泛地放置在道路、湖泊、河流沿线、建筑物前、社区等一定要求的空间中。不规则型广场（图4-2）的外观设计起来也比较自由，完全可以与地形相结合，追求不同主题、不同造型的审美。

图4-2　不规则型广场

三、城市公共广场的构成形式

133

　　城市公共广场的构成形式有封闭空间广场、聚焦空间广场、黏滞性空间广场和半开放空间广场。它们直接影响着城市居民的生活空间和活动。

　　（1）封闭空间广场。它是城市最基本的分区单元，限定区域外通常是高速车辆，而内部则是适合人类活动尺度的安静广场、中庭或庭院。与繁忙的交通相比，封闭空间广场港湾般的宁静和它的文化价值浮现出来。

　　（2）聚焦空间广场。它是一个主题封闭的空间，为许多地方增添了色彩，但当城市扩张过于变化甚至不能与景观相匹配时，聚焦空间广场就变成了平庸的广场。聚焦空间广场通常以人为空间占有形式，如雕像或雕塑建筑，使热闹的街道或广场更具特色，表明这是"那个场所"的特殊含义。

（3）黏滞性空间广场。它指人群以两种主要方式占据的空间：静止和运动。黏滞性空间广场是一个温暖的地方，市民在这里漫步浏览橱窗，买报纸，赏花，同时欣赏这里的风景，享受阴凉或阳光。

（4）半开放空间广场。半开放空间广场是指连接两种空间类型的直接自由路径，如连接建筑物的走廊和对外敞开的房间。半开放空间广场通常位于繁忙的市井之外，远离嘈杂的交通。这些地区往往风景优美，光线柔和，空气中弥漫着公园植物的香味，让人有安全感和防御感。

四、城市公共广场的面积及尺度比例

（一）城市公共广场的面积

城市公共广场的面积大小和形状应根据其功能要求、外观要求和客观条件进行设计。

（1）功能要求。例如，影剧院、体育馆、展览馆前的集散广场设计，取决于允许的集会和疏散时间内能满足人员的出行和车辆通过的要求；集会游行广场集会时可容纳的人数和游行行列的宽度，使游行行列可以在规定的时间内顺利通过。交通广场取决于交通流的大小、交通流的规律性以及交通的组织方式。此外，广场面积还必须满足停车场、绿化植物、公共设施等相应配套设施的选址。

（2）外观要求。在高层建筑的主立面方向，应相应配置较大的广场。例如，建筑物的四个侧面都应有良好的结构，周围应适当布置，或者应使用面向建筑物的城市街道来展示建筑物的外观。但是，由于要求不同，建筑与广场的比例关系可以有不同的解决方法。有时较高的建筑物被布置成较小的方格，如果处理得当，也能显示出较高建筑物的效果。

（3）客观条件。广场的大小还取决于客观条件，如土地利用条件、环境条件、历史条件和生活方式等。

（二）广场的尺度比例

广场的尺度比例有很多内容，包括广场的占地形状；每边的长度和大小的比值；广场面积与广场内建筑物的体积之比；广场各元素之间的比例关系；广场的整体构成与周围环境，如地形、城市道路和其他建筑群的比例。

广场的比例关系不是固定的，尺度要根据广场的功能要求、广场的规模和社区活动的需要来确定。大广场里的元素必须有更大的比例，小广场里的元素必须有更小的比例。台阶、石阶、围栏、人行道的宽度要根据社区活动的需要来处理。道路的宽度和停车场的面积必须与人和车辆的规模相适应。

例如，天安门广场有500米宽，两边都有建筑物。人民大会堂（图4-3）和革命历史博物馆都有30～40米高，长宽比约为1∶12。虽然这些比例让人感觉空旷，但人民英雄纪念碑广场、大喷泉、灯柱、栅栏、花坛、草坪，尤其是毛主席纪念堂，丰富了广场的内容，提升了广场的层次，在一定程度上削弱了空旷感，营造出舒展明快的效果。①

图4-3 人民大会堂一角

135

---

① 巢新冬，周丽娟.园林规划设计[M].杭州：浙江大学出版社，2012：39-41.

第二节　现代中国城市公共商业空间设计

一、城市公共商业空间的释义

　　城市公共商业空间是指人们进行各种商业活动的公共场所。它一般由商业建筑、店面、橱窗和霓虹灯以及广告要素组成，紧紧围绕着营造良好商业文化氛围、吸引消费者、引导消费的宗旨来形成生动活泼的有机结合设计。商业空间设计涵盖了广泛的内容，从店铺招牌和LOGO到综合商业建筑、购物中心和商业区整体规划。它通常包括室内商业空间设计和户外商业环境设计两部分（图4-4）。

图4-4　户外商业空间

二、现代中国城市公共商业空间的类型及设计要点

（一）现代中国城市公共商业空间的类型

现代中国城市公共商业空间的类型主要有购物中心与商业街。

购物中心是一个综合性的商业空间，主要类型有大型超市、服装店、饭店等。一般来说，购物中心位于市中心的繁华地带，它们由许多具有不同功能的商业建筑组成，集购物、娱乐、餐饮、休闲等功能于一体。大型超市、小型超市、品牌专卖店、特色小吃店等零售空间，以及商场书店、VR体验店、健身中心、美容中心、儿童乐园、游乐园等各种娱乐设施，构成了体验型购物中心。购物中心的最终目标是成为城市本身，通过建设商业城市化和商业建筑城市化，让贸易充分渗透到人类生活的世界。消费者原本简单的消费过程，变成了多元体验的消费。购物中心就像大树干，娱乐设施和零售空间就像树叶，连接它们的"树枝"是购物中心的共同空间。公共休息室的主要功能是连接各个空间，引导人流和其余的顾客。例如，室内休息区、儿童乐园、小咖啡厅等，有一些大型购物中心还准备了互动设备，为顾客提供娱乐活动。未来的购物中心不仅为公众提供时尚商品的信息，也为公众提供娱乐休闲的场所。未来，购物中心将全面融入人们的日常生活，向各个方向发展，成为人们放松、释放压力、互动交流的场所。

商业街的地理位置一般分布在大型商业中心和具有文化底蕴的老街上。商店位于街道的左右两侧。商业街区类型主要有商业文化街区、综合商业街区。

商业文化街区主要是老城街道与现代商业空间的完美结合。人们不仅可以体验城市的文化底蕴，还可以购买传统工艺品。例如，杭州河坊街（图4-5）就是商业文化街区的鲜明代表。这条街每年节假日都会吸引很多游客。河坊街位于巫山脚下，现已改造成繁华的旅游步行街其中著名品牌有油纸伞、胡庆余堂、鼎盛糕等。河坊街所有建筑都恢复了明清风格，体现了繁华的商业氛围和城市底蕴的完美结合。

137

图4-5　河坊街

综合商业街区主要是指多功能商业街区，包括特色小吃、休闲娱乐、文化创意等功能。上海南京路商业街（图4-6）是位于上海外滩的一条富有特色的综合性商业街。它拥有1000多个国际知名品牌，包括各种奢侈品和高端产品。南京路商业街是上海最具代表性的商业街，是繁华与时尚的代名词。

图4-6　上海南京路商业街

专有品牌店是销售某些主题的零售空间，有两种类型的商店，其中一种是销售某些品牌的商店，如香奈儿、古驰（图4-7）、优衣库等，另一种是销售特定产品的专卖店，如眼镜店、化妆品店、书店、珠宝店等。店铺设计的主要目的是满足顾客的需求，有目的地为这些顾客提供方便，让顾客可以快速找到自己喜欢的产品。

图4-7　古驰商业空间设计

（二）现代中国城市公共商业空间的设计要点

现代中国城市公共商业空间设计通过品牌LOGO元素、店面外部组织、入口、室内外陈设、灯光和整体空间环境，全方位展示客户主题和文化商品信息。现代中国城市公共商业空间的设计要点主要有以下几个方面：

（1）设计要突出休闲娱乐。现代中国城市公共商业空间不仅仅是单一的购物过程，还是一种体验记忆的过程。商业公共空间的休息区包括艺术节目、绿化、互动装置艺术等。这种人性化的设计可以消除客户的焦虑，加强人与人之间的沟通。

（2）设计要突出文化性。现代中国城市公共商业空间往往沉淀城市文化，同时城市发展离不开商业空间的快速发展。顾客在现代中国城市商业空间中可以看到各种公共艺术品。这些艺术品不只是美化环境那么简单，还满足了人们对精神需求和审美意识的需求，拉近了顾客与艺术品的距离。这些公共艺术作品讲述了城市的文化，使商业空间中汇集了文化要素。

（3）设计要有互动体验。在现代中国城市公共商业空间中，出现了很多新型商铺，如VR体验馆、大型沉浸式体验馆等，强化了顾客的感官体验，让顾客进入某个场景，通过顾客行动和意识，直接反馈到前所未有的互动体验中。

（4）设计要有综合性。现代中国城市公共商业空间要满足各类顾客的购物体验，深入了解顾客的各种需求，提供贴心的服务。商业空间本着"以人为本"的设计理念，面向越来越多的客户类型，实行多元化发展。

三、现代中国城市公共商业外部空间的设计

140

（一）现代中国城市公共商业外部空间的构成形式

在我国，现代商业户外空间的构成分为收敛型和扩散型两种形式。

收敛型是指围绕空间有明确界限的空间形态，从外围向中心进行划分和组织，店前的广场通常属于这种类型。收敛构成的方法是分区组织，即根据功能需要分区成一个边界清晰的空间，最后将指定的区域组合成一个流动的实体。收敛形成的积极性空间包括多种形式，如由内部空间围成的封闭的外部空间、由空间的封闭实体形成的开放的外部空间。

扩散型是以建筑空间为基础，形成各种形式的空间组织，包括均匀分布

和中心形，有放射状、矩形、星形、直线形、分支、卫星形、自由形等，都是以秩序为基础的，并以人类在空间中的行动路线的时序作为其构成骨架。

（二）常见的中国现代城市公共商业外部空间类型

1.闭合式独立空间设计

封闭的独立空间是指商业室外空间的划分从建筑本身出发，将空间的功能作为其室外空间呈现的第一属性，主要目的是节省空间。通俗来讲，就是俗称的街边小店。

由于商业外部封闭空间的限制，设计中可以使用自由平面空间和自由立面空间。自由平面空间，即参与商业空间运营的人，可以根据自己的需要自由划分室外商业空间，这在很大程度上体现了空间布局的灵活性和适应性。自由立面的空间构成是指建筑的自由立面与室外商业空间的结构之间的联系，使建筑立面与内部功能更加合乎逻辑，是室内空间状况的外部表现。

2.流通空间设计

流通空间不同于以往封闭或开放空间，其流动、连接和隔离的空间创造了新的空间格局。作为户外商业空间本身，它是一个引导性和过渡性的空间，其空间构成具有流通性。室外空间的渗透，使不同的商业空间相得益彰，在室外和室内空间之间相互连接。这个空间的流通不仅是商业活动本身之间的二维流通，从更广阔的角度看，它还可以发展成三维甚至四维的流动空间。流通空间的主要目的不是将空间视为一种被动的、静态的存在，而是使其成为一种活的、动态的因素。流通空间尽量避免体积的单独和静态组合，而是以连续形式的运动空间为目标。在商业户外空间的设计中，要注重营造优雅的人文环境，增加空间与人的亲和力和联系以及空间的流通性。

当然，室外商业空间的流线构成是一种合理有组织的有机空间组合，在空间宽度上是静态的，主要强调空间的功能性和实用性。为了创造一个随机的、自由的、流动的户外环境，需要塑造"移步异景"的空间转换动态。

3.全面空间设计

全面空间又称通用空间、统一空间。事实上，它是对流通空间的额外扩展，是在流通空间中，一个大空间被分成几个相互连接的小空间。当我们移除分区时，会留下了一个整体的大空间。在这个空间里，可以按照我们想要的方式安排它，将其转换为我们想要的任何形状。

随着人们对居住环境要求的提高，购物广场的设计在商业空间规划之初就被纳入了商业空间的日常规划，它不仅改善了周边居民的居住环境，而且为经营场所增添了无形资产，落实了和谐环境。

四、现代中国城市公共商业综合体室外环境设计要领

（一）室外环境室内化

芦原义信在《外部空间设计》[①]中提到："室外空间的设计应该给空间一个尽可能明确的使用目的。根据这个出发点来确定空间的大小、铺装的结构、墙壁的造型，以及地面的高度差，等等。"城市商业综合体作为城市重要的开放空间，不仅要协调商业综合体的功能需求和商业活动，还要将其范围与城市联系起来，使商业综合体更好地融入广义的城市生活。

很多成功的城市商业综合体都有一个共同的特点，那就是具有很强的室外环境室内特征，这也是未来城市商业综合体室外空间环境的发展趋势，这种发展方向和设计手法在心理上满足了消费者最大程度地实现自己的各种社会活动的要求。西安的长安大街3号的设计规划过程就参考了美国霍顿广场的设计，通过诸多设计思路将室外环境纳入其中，并将这一设计理念付诸实施。长安大街3号街在打造商业步行街时，设计团队充分利用了种植、铺装、墙面等各方面的优势，用设计体现空间的尺度，大小不一的商业长廊还设有

---

① [日]芦原义信著.外部空间设计[M]尹培桐，泽.北京：中国建筑工业出版社，1985：3-6.

干式喷泉，包括下沉广场、小型儿童乐园等设施。这种多样性使得商业长廊成为节日活动的场所，比如在这里举行街头音乐表演、公司组织的展览和销售活动等，从而使长安大街3号街成为市民活动的中心，让参与者融入其中，增强商业空间对人们的强烈吸引力。

（二）外部空间城市化

城市商业综合体规划设计的另一个关键特征是城市开放空间的创造和外部空间的城市化。城市商业综合体的设计以高密度、充足容积率的设计方法为基础，集中组织各种功能的建筑空间。这种集中布局的规划方式可用于组织大型公共活动的广场或绿地。在城市商业综合体中，是否存在外部空间设计往往会直接影响销售质量。因此，需要通过室外空间环境来提高项目的知名度，将室外空间作为开放的公共空间，并且引入城市公共活动，提升人们的参与性。城市商业综合体的室外空间一般作为城市公共生活的载体，为城市公共生活的便捷舒适提供基础条件，因此室外空间也具有城市公共空间的功能属性。商业综合体户外空间城市化的具体方式如下。

1.开放空间城市化处理

今天的城市公共空间设计，对设计师的要求更高，需要有意识地改变空间过渡，让原本消极的外部空间转化为积极的建筑外部空间，使城市商业综合体不再是孤立的个体，而是与城市公共空间环境有机地联系在一起。例如，将城市商业综合体外的广场与城市公共交通系统紧密相连（图4-8），或者我们可以使用首层架空层设计，为居民提供步行或移动的场所，还可以使室内环境设计与室外景观更好地互补利用，营造宜人的城市环境景观，形成组合效应，焕发城市商业综合体的新活力。

如果城市商业综合体的外部空间能够很好地成为具有建筑空间和城市空间双重性质的城市开放空间，同时让居住在城市的消费者和居民同时使用，那么不仅提高了空间的有效利用，也加强了与城市公共空间的互联互通。

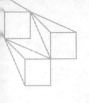

图4-8　城市公共广场和交通系统相连

2. 城市空间界限模糊

在城市商业综合体的外层空间中，对外广场也有比较高的设计要求，包括外在空间的趣味性、层次感、氛围感等，让人们在进入商业室内之前就能够感受到商业氛围。虽然现在很多商业综合体室外空间的广场设计都会结合建筑本身来考虑，但是缺乏与城市设计的融合，因此我们需要弱化广场的疏离感，模糊商业综合体与城市的边界感，让商业综合体与城市空间更加融合，让人们在日常行走的过程中可以轻松地进入商业综合体，促进商业消费。以南京水游城为例，它位于南京三山街、中华路、健康路交会处，处于夫子庙商业文化街区的边缘，距新街口1.5公里，作为城市的次主力商业地段，它实际上面临着来自两个主要商业中心的冲击。如何突破重围，打造特色景点，是项目中必须要考虑的问题之一。在南京水游城的商业户外空间广场的设计中，还要模糊与城市空间的边界感。因此整个建筑是一种开放的建筑形式，入口广场的特殊节点是外部道路动线的交会点，也是人流最多的地方，用于引导人群直接到商场。下沉广场设计了景观绿化，同时在设计上充分运用光线、色彩、结构等元素，体现空间张力，起到中心和焦点的作用，聚集人流，引导消费者。

（三）加强商业外部空间与城市发展的结合

在我国，未来城市商业综合体外层空间的发展不是限于城市商业综合体周边的景观环境，而是辐射到城市范围，影响整个区域的发展。未来城市中的土地将越来越有限，为了与城市发展更加融合，需要结合更多立体、更全面的空间，让人们在商业空间中可以随心所欲地去往任何场所。目前，我国许多城市还没有设计出真正与城市发展相结合的商业外部空间。一般来说，一些外部环境空间设计是基于城市商业综合体建筑考虑的，这样就缺少了往城市发展的考虑。

加强商业户外空间与城市发展的结合，首先要考虑人流和车流的组织。因此，要大力发展立体交通空间，外部空间可以通过上层连接各类物业，使土地和建筑整体串联起来，延伸到城市空间的发展。

1.满足使用者的舒适性要求

在马斯洛的五个基本人类需求层次中："生理和安全需求包含在较低的层次中，这激发了人们对空间舒适的渴望。"[①]舒适是商业户外空间继对人身安全之外的又一体现人性化的设计要求。室外空间的舒适度主要体现在：阳光、噪声等物理环境的舒适度以及使用休息区的舒适度方面。

城市商业综合体户外环境设计的最终目的是吸引消费者，延长买家的停留时间。城市商业综合体户外环境设计，既要满足防止阳光直射等基本使用要求，又要注重整体认识，从人的需求出发，顾全大局。此外，还需要做三方面的工作。首先，需要修复户外商业综合体中的各种招牌以及设施系统设计，如导购图、路标、设施警示灯等，规划清晰合理的购物流程。其次，从

---

① [美]亚伯拉罕.马斯洛著.存在心理学[M]冯艺腾，译.南京：江苏人民出版社，2022：106-108.

消费者需求的感知出发，准备好座位等多项服务休息空间，它可以为疲惫的人提供服务。休息设施的布置必须与社区的行为和心理密切相关。一般来说，在能看到户外活动的地方设置休息设施比较合适。布局方面，多采用拆分布局和对角布局。最后，应建立完善的无障碍设施体系，消除外部环境中不可预见的因素对弱势群体造成的不便。

2.增强使用者的安全感

除了加强商业外部空间材料元素的建设，还要处理好各种使用者需求，加深使用者的安全感。商业综合体室外空间的安全感可分为生理安全和心理安全两部分。其中，生理安全是首先要注意的。例如，用于步行的地面可以铺设大理石等，其材质多样，但在设计时材质必须经过酸洗、防滑、透水等处理，保证人在上面行走的安全。城市商业综合体的外部空间设计必须考虑到公共性、各类人群的隐私要求以及使用者的心理安全，应根据不同的消费心理公平划分空间；空间的处理要考虑人的需要，注意尺度和比例；为各类消费者创造舒适、人性化的购物消费空间。

3.鼓励使用者参与社会交往

社会性是人类的重要属性，参与社会交往也是大多数人所期待的。合理的交流环境有利于社区交流，否则会产生障碍。城市商业综合体的室外空间发挥着与城市开放空间相关的功能，设计师有义务和责任为广大市民提供交流和发展的场所。现实生活中，人类往往作为聆听者或旁观者处于空间的边界，随着情绪的调动和活动的开展，最终进入空间的中心，参与活动。这种行为模式要求城市商业综合体的外部空间设计必须考虑人们社会心理因素等重要方面，合理利用边界，有效组织"看"和"参与"活动的必要空间。在实际设计中，地面铺装可以结合建筑小品、绿化、公共设施等空间区域定义不同的功能，形成不同的交流区域，如消费者等待交流的空间、各种交流场所，再如表演场地和商业宣传的景观主导区域，满足人们的交流需求。

五、现代中国城市公共商业空间设计中互动装置艺术的融入

城市商业空间是人们购物、体验和交流的多功能空间。人们可以在城市商业空间中获取前端时尚资讯，购买自己喜欢的商品。城市商业空间以商业综合体、大型购物中心、大型超市为主，满足各类消费者的需求。随着社会、经济、文化的发展，城市商业环境也融入了文化、美学、体验等创新元素。这些元素的加入将商业空间向外扩展，将城市商业空间转变为功能性的多平台文化交流。作为一种新的媒介，互动装置艺术对城市商业空间的介入无疑是一种驱动力，不仅满足了消费者追求个性化的体验，还开辟了城市商业空间的新天地。

（一）感官交互

感官是人与外界环境交互的基本形式。人通过感官接收外界的信息，然后传递给大脑对信息进行分析处理，最终获得有用的信息或工作的核心，这是艺术作品的本质。互动装置艺术所采用的互动技术都对应着人类的感官，艺术家利用感官创造出独特的互动形式来传达作品的感受。在完整的艺术活动中，艺术家通过感官互动、多媒体和场景形式将自己的思想和内涵融入艺术中。观众通过视觉、听觉、触觉等感官与作品互动，同时接受艺术作品传达的信息和含义并作出反馈。当艺术涉及各种互动技术时，感官互动就变得越来越重要，艺术品连接多种感官，唤起观众对艺术品的兴趣，拉近艺术与观众的距离。

（二）视觉交互

视觉交互是人们感知信息和观察外部环境的基本方式。它通过直接的观察吸引观者的注意力，并上升到思想的层面，进而与感官或其他肢体产生共鸣，最终理解艺术作品。视觉语言不仅承载着所有其他艺术语言形式所共有

的交流和信息传递的重任，而且创造了丰富的视觉艺术形式。在城市商业空间中，商品、色彩和造型是核心商业竞争的手段之一。商业空间的色彩变化、整体环境渲染、光线变化等因素也是核心商业竞争的手段。视觉互动主题艺术品主要通过捕捉观者的眼球来传达产品信息，如在中央儿童购物公园，在儿童游乐场和其他建筑物的墙壁上，采用全3D互动投影技术，呈现出金色的城堡和蓝天。这一主题的艺术品尤其吸引孩子们的注意，动态的画面变化、鲜艳的色彩和大型玩具城堡给孩子们前所未有的视觉体验。设计师将商业空间与互动装置艺术相结合，使用色彩鲜艳，会使整个商业环境呈现出明亮、轻松、有趣的氛围。城市商业空间互动装置艺术的视觉互动形式为观众提供了视觉享受，观众也将通过互动交流获得完美的购物体验。

（三）听觉交互

听觉是人们接收事物信息、感受外部环境的重要形式。在生活中，人们用声音来与人们进行交流。声音会影响人的某些情绪，比如大家耳熟能详的《黄河大合唱》就是一首高亢激昂的歌曲。这首歌激发了爱国主义精神，使人们感到积极和热情。当我们听到贝多芬的《命运交响曲》时，我们会产生同情和悲伤的情绪，随着歌曲节奏的起伏变化，人们会感受到他的毅力和才华。不可否认，声音可以准确判断各种事物的内涵：淅淅沥沥的雨声、清脆的鸟鸣声、火车的轰鸣声、街边小吃摊叫卖的声音，人们可以清晰地接收到这些信息。

在艺术方面，以声音为核心艺术元素，涉足戏曲、影视、电视剧，会形成独特的互动艺术形式。在互动装置艺术中，听觉互动的形式与其他感官互动的形式共同作用，起到调节情绪、呈现气氛的作用，共同完成一件有图案、有情感、有主题、完整的艺术作品。另一方面，听觉互动的形式通过作品的节奏、韵律、基调的变化来表达作品的情感，表现作品的故事情节和人物特征。虽然听觉在艺术作品中起着重要作用，但其他形式的感官交互的作用是帮助形成听觉交互，放大要表达的信息，并克服其局限性。杭州生活与糖互动装置艺术展在杭州滨江龙湖举办，本次互动装置以减压、治愈、加糖为主题。这个互动艺术装置使用了一个小型疗愈室，整体的蓝色是空间的主色调，空间的主要表达方式是面朝蔚蓝的大海，感受潮汐，让观众感到温暖和舒适。房间中央有一个麦克风，四周是动态的3D互动墙，墙上有数千个大大小小的光点。观众不进入互动设备时是静止的，感受不到差异，当观众进入互动设备时，光点会缓慢移动，互动设备会通过声音介质以及传感器接收信息，然后传输到交互式墙壁上使光点移动。观众可以通过麦克风喊叫、唱歌、抱怨等与设备互动，设备也会根据音量和旋律的变化、压力和焦虑等情况进行反馈。在这个互动装置中，每一个声音、每一个旋律都是独一无二的，每个人都是主角，以积极乐观的生活态度，让观众沉浸在互动中，感受互动装置艺术的魅力。

（四）触觉交互

触觉的作用不仅仅是探索作品，更是传达人类内心情感的方式。一般的触觉感受和身体接触可以拉近观众和作品的关系，从而通过身体愉悦的触摸触发互动，收获视觉和听觉的感官刺激。当人们沉浸在VR技术创造的虚拟空间时，会产生心理快感，虽然可以与其他玩家玩耍和交流，但感受不到事物真实的体积、质感和情感。触觉的交互形式是最真实的交互形式，观众可以直接触摸艺术品进行互动，艺术品将带给观者比任何其他感官互动更真实和微妙的感觉。在高科技和艺术思维的基础上，这种触觉互动形式进入互动装置艺术，会让观众体验到真实的感受，产生情感共鸣。可以借鉴互动装置作品的设计——LUMES是一款与众不同的触觉互动作品，由Eness、Designlnc和Cabrini三方合作设计完成。这种互动装置作品主要由LED灯制作。当人们触摸互动墙时，会出现各种主题的动态卡通，如小燕子、摇曳的柳树、小男孩、热气球等，暖色调接近孩子们的幼稚世界。这一主题的设计，不仅让孩子们逐渐接受了医院，也让他们心中的医院不是冰冷的、恐惧的，反而多了一份活力和欢乐，也给孩子们带来了温暖、天真、真实的情感。

（五）环境交互

环境互动的形式是让观众沉浸在一定的空间环境中，与物体和其中的环境进行互动，虽然空间环境是虚拟的，但观众也会得到更"真实"的体验。沉浸式互动装置艺术通常使用明暗对比、变化的旋律、独特的气味、特殊的材料等互动元素，让观者充分体验融入这个特定空间环境的真实微妙感受，并模拟逼真的"真实"环境。环境互动的形式不仅是感官的互动，更是审美意识与真实情感的互动。艺术家精心打造虚拟世界，引导观者进入多维虚拟世界，在虚拟世界中唤起"真实"的情感，体现出一种跨越时空的环境互动形式。由DesignI/O工作室设计的互动装置"艺术公园中的森林"，想要表达保护生态环境和热爱生活的主题。孩子们扮演大自然的角色，当孩子们站在装置中挥手时，互动墙上会长出一棵大树，树枝上会长出更多的分枝，左边的瀑布会顺流而下。孩子们可以用木头作为屏障，改变水流，将水引到树旁的大花和果实上。孩子们在这个互动的生态系统中学习自然规律，表达自己的真实感受，与自然环境完全融为一体。这种互动装置紧扣时代主题，具有良好的教育意义，还可以让孩子们沉浸在艺术品中，体验环境互动的真实形式。

第三节　现代中国城市公共绿地设计

一、现代中国城市公共绿地的类型及建设现状

城市公共绿地是指以植被为主要形式，改善城市生态、保护环境、为居民提供休闲空间、美化城市的城市用地类型。

（一）现代中国城市公共绿地的类型

城市公共绿地分类的研究在我国已经开展了近半个世纪。2017年11月28

日，中华人民共和国住房和城乡建设部公告第1749号将《城市绿地分类标准》批准为行业标准，编号为CJJ/T85—2017，自2018年6月1日起实施。该标准将城市建设用地内的绿地分类主要为：公园绿地、综合公园、社区公园、专类公园、动物园、植物园、历史名园、遗址公园、游乐公园、其他专类公园①、游园、防护绿地、广场用地、附属绿地②、居住用地附属绿地、公共管理与公共服务设施用地附属绿地、商业服务业设施用地附属绿地、工业用地附属绿地、物流仓储用地附属绿地、道路与交通设施用地附属绿地、公用设施用地附属绿地、区域绿地③、风景游憩绿地、风景名胜区、森林公园、湿地公园、郊野公园、其他风景游憩绿地④、生态保育绿地、区域设施防护绿地、生产绿地等。⑤

（二）现代中国城市公共绿地的建设现状

中国的城市公共绿地以城市公园为代表，目前市中心的城市公园交通组织存在一些特殊问题：（1）在向内收费模式下，为避免公园出入口交通，入口往往无法与人流来向衔接；（2）受管理限制（出入口越少，管理成本越低），入口数量往往与园区规模不匹配；（3）精简的公园组织在模型中追求自成一体的内向环路模式，未能充分发挥公园道路作为城市步行系统一部分的缓解和连接作用。可见，城市公共绿色开放空间的设计确实需要改变传统内向的主观思维，走向开放客观的思维，新时代的城市绿色空间必须适应新

151

---

① 除以上各种专类公园外，具有特定主题内容的绿地。主要包括儿童公园、体育健身公园、滨水公园、纪念性公园、雕塑公园以及位于城市建设用地内的风景名胜公园、城市湿地公园和森林公园等。

② 附属于各类城市建设用地（除"绿地与广场用地"）的绿化用地。包括居住用地、公共管理与公共服务设施用地、商业服务业设施用地、工业用地、物流仓储用地、道路与交通设施用地、公用设施用地等。

③ 位于城市建设用地之外，具有城乡生态环境及自然资源和文化资源保护、游憩健身、安全防护隔离、物种保护、公园苗木生产等功能的绿地。

④ 除上述外的风景游憩绿地，主要包括野生动植物园、遗址公园、地质公园等。

⑤ 许浩.景观设计：从构思到过程（第二版）[M].北京：中国电力出版社，2019：133-135.

城市发展的需要。

二、现代中国城市绿地系统的布局形式及原则

（一）现代中国城市绿地系统的结构布局形式

城市绿色开放空间系统的结构布局是城市绿色开放空间系统内部结构和外部性能的综合反映。如图4-9所示，一般情况下，城市绿色空地分布有八种基本格局。

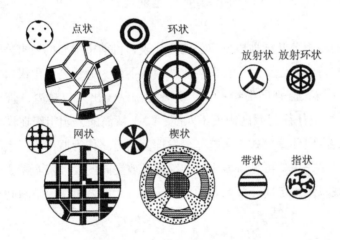

图4-9　城市绿地分布的基本模式

我国城市绿地空间布局常用的形式主要有以下几种：

（1）绿色空地布局形式，即绿化带布局有利于提升和表达城市环境的艺术风格，多因利用城市道路、河湖、旧城墙等因素，形成纵横绿带、放射状绿带和圆形绿地的绿网。

（2）街区绿化空地布局，即块状绿地布局主要是为了方便居民，将城市内的绿地均匀分布成块状，多用于旧城改造，如大连、青岛、上海、天津、

武汉、佛山等。

（3）楔形绿地布局，即从城市边缘到城市中心非常狭窄的楔形绿地的使用。楔形的绿地布局有利于新鲜空气不断进入城市，改善城市通风条件，体现城市艺术。

（4）混合绿地布局。它的优势可以使居住区获得最大的绿地接触面积，方便居民休闲娱乐，改善周边气候条件，丰富城市艺术风景。它是前面三种布局的综合运用，这种布局可以实现城市绿地的开放空间布局，使点、线、面相结合，形成一个比较完整的体系。

（二）现代中国城市绿地系统布局的原则

现代中国城市绿地系统的空间原则主要体现在以下几个方面：

（1）指标先进性原则。城市绿地规划指标制定短、中、远期规划三期规划指标，针对不同类型的绿地定义合理指标，有效指导规划建设。

（2）均分分布原则。城市绿地要均衡布局，比例合理，满足城市居民生活休闲需求，促进城市节庆旅游发展。①

（3）远近结合，合理引导绿色城市发展原则。根据城市发展的规模制定合理的渐进发展规划，在城市发展的过程中保持一定的绿化水平，使绿地的发展速度不低于城市发展的需要。根据城市绿地的发展规律和特点，确定各阶段的规划目标和主要项目。短期规划应当优先确定规划目标和重点、具体建设项目、投资范围和估算。

（4）因地制宜的原则。从实际出发，充分利用城市自然景观和山水特色，发挥自然环境条件，深入挖掘城市的历史文化内涵，合理规划选址、城

---

① 城市公园绿地，包括全市综合性公园、社区公园、各类专类公园、带状公园绿地等，是城市居民户外游憩活动的重要载体，也是促进城市旅游发展的重要因素。城市公园绿地规划以服务半径为基本的规划依据，以"点、线、面、环、楔"相结合的形式，将公园绿地和对城市生态、游憩、景观和生物多样性保护等相关的绿地有机整合为一体，形成绿色网络。按照合理的服务半径和城市生态环境改善，均匀分布各级城市公园绿地，满足城市居民生活休息所需；结合城市道路和水系规划，形成带状绿地，把各类绿地联系起来，相互衔接，组成城市绿色网络。

市绿地开放各种空间的布局、面积和规划指标。

（5）将城市群分成若干组。城市绿地规划和空间规划必须与城市群规划和空间规划相结合。理论上每25～50平方公里应准备一个宽度为600～1000米的群分割区。群体分割区域应尽可能与城市自然保护和重点敏感区域相结合。[①]

三、现代中国城市公共绿地的设计方法

公共绿色开放空间的组织结构不仅取决于设计者的主观意图，还取决于场地的现状，必须遵循用户的习惯和需求。主观意图、现状以及用户习惯和需求的最终目标都离不开空间组织。随着中国城市越来越多的人使用公共绿地趋势的发展，人们的需求也越来越多样化，在塑造空间时，不仅要考虑到绿地本身，更应考虑绿地与城市之间的关系。以下从城市步行系统、开放空间的需求、当地社区的需求和历史文化的延续性，以及融入城市、网络化和自我完善的内生逻辑出发，采用"以流为形"的设计方法作为绿色开放空间的组织方式进行探讨，以期为中小型公共绿色开放空间的设计提供新的思路。

（一）"以流为形"的设计范式

"流"，即根据自然流、水流、生物流等场景，以各种方式表现出来。根据街区大小和服务内容，公共绿地设计选择的对象不同，可以对多种"流"进行叠加。"以流定形"的设计方法是根据空间系统布局选择"交通流"组织作为"流"的对象，以及以自下而上的公众需求为导向来建立功能思维，对"流"进行"引"与"分"来协调两者。前者是设计者在场地认知的基础

---

① 李仲信.城市绿地系统规划与景观设计[M].济南：山东大学出版社，2009：37-40.

上判断相对客观链接城市的流线与相对主观链接内部活动的流线作出自上而下判断的过程，而后者则是依据使用者需求研究与互动反馈的自下而上的提炼过程。这种叠合的方法可以更大程度地在空间上契合外部空间，在功能上满足使用者的诉求，进而使得公共绿地在抽象的流线与功能层面形成趋于合理的结构。对此，我们可以参考美国JCFO景观规划设计机构Tangwa Park的设计方案，他们采用客观交通理性分析与互动需求调查相结合的切入设计方法，保留与原有空间相同的流线型结构，虽然初期形成了3个相同空间流线结构的方案，但它们在主题、设计语言、空间描述等方面都有自己的特点。

将"以流为形"的设计范式应用于公共绿地建设具有以下特点：

（1）与城市步行网络形成系统的整体网络，解决了传统中心环路式游园公园的内向封闭问题；

（2）充分发挥物件的功能价值，结合地块的需要和特点，对可用空间进行定性和定量的划分，通过不同形式的选择体现不同的空间功能，以对比鲜明的方式统一空间式；

（3）既能创造用户与场地之间的情感互动，保证场地特征的连续性，又能通过各种立体因素，增强空间的视觉景观，营造场所感，保留地物、视线及文脉，提高能见度，形成空间。在公共绿地的个体规划尺度上，为了保持与周围绿地的关系，形成城市的动态界面，满足现代人差异化活动的需要，可以构建公共绿地，形成以下步骤。

1.引流

引流，即连接城市、链接站点、建设骨干网络。公共绿地的选择旨在帮助连接整个城市绿地系统并提供更广泛的效益。根据城市步行交通系统现状，最大限度地引入人流，使公共绿色开放空间充分吸纳、导入和疏解各类人流。这样一方面可以方便以穿行为目的的使用者通过，创造"触发停留"的可能；另一方面可以让以参观公园为目的地的使用者便捷地进入公共空间。基于此方法，所有城市公共空间都能保持良好的联通性，使所有步行网络都舒适流畅，与室外绿地形成线性步行空间。可见，引流会提高步行的便利性，但是如果完全以两点一线的组织路径来提升便利性，容易造成设计的过度模式化，空间也容易变得单调。因此，应通过路径的进退、收放、曲折及路线形式结合空间地物的在地化营造，在不影响使用者相对舒适的出行的情况下，兼顾场地的便利性和丰富性。这是"以流为形"的第一步。

2.分级

分级即主次细分、定性精简、深化层次。将不同的流线分隔并连接到交通，可以为深化功能空间层次提供线性结构基础。通过场地连接物体内外的一级流线，划分不同位置和大小的空间。一级流线在功能上需要连接外部区域、划分内部板块、直连公共主体功能；二级流线则需要连接内部板块，建立内向连接空间逻辑，这有助于构建与主线相连的公共功能以外的半开放、半私密的空间功能。在组合不同的功能空间时，空间的开放程度（趋于私密）也可以通过串联、连接等方式来区分，随着场所规模的增加，交通流线的等级与空间的层次也会增加。流线的主题根据场地的特点或功能概念而有所不同，并且流线和书面流线之间的层次可能存在重叠。

3.分区

分区，即放置功能、预设规模、确定特征。应充分考虑三个方面：一是根据使用者需求，通过问卷调查、访谈和以往对公共绿地不同层次的调查，进行功能规划；通过访谈，土地使用者可以更好地了解土地利用的空间要素，勾勒出自己的使用偏好，充分反映现有土地的地貌、地形和资源特征。各个功能块的布置要从三个学科的角度看清楚：一方面要考虑内部景观元素的结合；另一方面要考虑与外部城市功能的相互作用。在此基础上，根据设施要求和场地要求的计算，对每个街区进行粗略的测算，确定每个功能空间的整体属性，即景区的深度设计和下一步空间规划。从调查分析到定性分类再到规模定量与特征空间落位，分区体现自下而上的需求空间化。

4.造形

造形，即定型、变合、分虚实。设计的变化使语言的形式多种多样。为了定义设计的语言形式，需要根据设计的语境和时间、地域的特点，以微创新的方式开发和使用合适的语言形式。从传统的"生态浪漫"到追求理性秩序的几何语言，再到体现自由、简约、有效的设计语言，语言的主观性给予了设计者设计的个性，但个性并不是"无理"。另外，人格之所以存在，是因为它的特殊性。统一与变化、虚构与现实的辩证关系是大众审美认识的共识，必须尊重。

5.竖向

竖向，即塑造轮廓、加强视线、定义场所。为了通过竖向设计塑造立体空间的轮廓，应该在延续以上完成的结构意图与语言形式的基础上，从以下四个层次入手：

一是整体地形的延续和优化，结合原场地的起伏、整体梳理竖向，使空间既安全又美观，从技术保障和空间美观的角度进行宏观调控，创造视觉轮廓。

二是与城市界面的消解连接。一般竖向复杂场地空间与周边道路存在或多或少的高度差，这导致内外连通性差。即使在平坦的表面上，适度的竖向调整也可以丰富空间。

三是场地改造。在不同开度的空间中，其空间的内围必须以地形的背景功能来界定，以丰富的竖向创造与空间特征匹配起伏变化，这有助于进一步界定空间的边界，塑造场所的趣味性。

四是视线的引导与遮蔽，竖向的制高点可见性、围合度及密闭性决定了视觉要素的可见与不可见、藏与漏。以上意图都依赖竖向设计的调整来实现。

6.塑景

塑景的作用是延续文脉、整合元素、提升空间。景观空间的最终完善还必须结合景观元素。利用不同位置、大小、形状的基本元素，设计出不同的空间角色和语言形式，最终根据用途组合出适合意图特征的空间群组。在创造具有原有功能的空间的同时，整合现有的空间元素，因此如何显化、强化具有情感、文化意义的场地要素，使其存在意义更显著，是必须回答的问题。比如上海徐家汇公园的百代小红楼，作为一个特殊时代的建筑，具有很强的建筑美感和文化意义。朱育帆在青海原子城纪念公园设计中表示，以"活着"的历史见证——青杨作为空间营造的出发点，意在以活着的植物要素为载体引起参观者情感的共鸣。可以看到，场地的历史雕塑、现状地形地貌及保留的植被古树，这些具有实际价值的景观要素既是场地文脉的载体，也是需要用设计手段融合提升的场景构成。以此为道，可通过古今景观元素的结合，创造出新的旅游景点和文化。

（二）"以流为形"设计方法的运用

这里以典型市区的场地来展示应用"以流为形"设计方法的过程。场地周围环绕着城市道路，周边条件相对清晰，环境特色鲜明，是重要的城市公共空间。

1.引流与分级——系统步行框架的抽象构建

规划的第一步是根据周边城市的人流引导交通，建设一条连接城市步行系统的交通流道，必须考虑公共交通对目的地的影响。例如，地铁出入口和公交车站一方面要保持与外部公共交通数据线路的独立性，另一方面要提升人流进入场地的便利性与可行性。考虑到场地的两个"丁"形交叉点相互对应，对角流线和中间部分应是场地主体结构流线组织的一部分。分级则通过出入口与流线的2~3个层次的结构性深化来表达。

主要和次要出入口通过分析周边人群密度进行分类，例如在靠近地铁站的入口处必须形成分布空间，可以认为是主要的出入口。各个分割空间的连接可以根据物体的大小适当预设，第二层的流线也要根据第一层的流线与第二层空间的连接组织，结合后续功能的要求，从而确定流线的大势、方向和密度，决定是半环连接，还是尽端设置或整体成环。二次流线的任务是以串联功能空间为主，连接场地内外为辅，并提供以层级关系分级预订功能空间的可能性。引流与分级是构建联通内外、深化空间层次的框架性线性空间的必要步骤。

2.划区与形成——绿色开放空间功能格局的结构形式

在认定城市绿地布局和公共活动诉求的基础上，尽可能考虑地块周边城市活动的影响，将地块周边活动预设为商业活动、文化服务和城市居住等。

在分区中，根据使用者需要的功能类型和主次顺序确定对象的使用空间，在与周边地块功能对应的区域内，还必须考虑到采取功能布局的交互作用。

比如细分人群的交互功能更适合定位相关人群导入的方位，轻松开放的立面界面更适合与商业活动的互动，仪式空间的设置与公共性文化建筑空间形成承续。在分区阶段，对于要求较高的功能，可能需要调整原有流线的位置来满足，而要求较低的功能可以通过布置二级流线来重新分配。调整的目的是使功能块的位置和规模合理。此外，还要通过流线的划分和合并来相互协调，不能破坏原有设定的流线结构关系。在确定了抽象流线和抽象功能关系所形成的结构之后，选择一种组织空间元素的形式语言，这即为定形。

根据美学的基本规律，选择的抽象结构以语言的形式排列，决定空间边界的形状。形态的重复与变化关系遵循已有的统一、变化形式法则，形态的确定其实是梳理场地流线与功能的抽象关系后才进行深化落位的，形态的完成也是一个确定绿地功能布局空间边界的过程。

3.竖向与塑景——场所空间要素的具体组织

要改善空间，仅仅完成平面图和形状是不够的。竖向元素的组织和差异化是绿地设计无法替代的。

在相对平坦的城市空间中，绿地设计的竖向规划步骤可以放在规划阶段的后半段，在流线功能确定后再进行特殊意图空间的深化，从而完善竖向设计。地形会影响气流，也会改变当地的小气候，所以也有设计方法来控制气流或控制气流以匹配地形，但由于复杂，这里不再赘述。如果场地本身的竖向关系复杂，那么势必在前期的引流与分级阶段就要将场地的竖向作为优先研究的内容，在完成"地形流"的梳理后，再对流线结构进行判断。考虑到现状竖向关系的特殊性，这里不对此类设计方法加以探讨。在竖向设计中，可以选择场地的位置和标高，结合功能需求和设计语言进行定义，并通过调整竖向元素来确保空间场景意图的营造。在景观造型方面，我们利用雕塑、水池、空间等景观元素打造空间特色，让使用者现场体验设计师的愿景、行动、文化、艺术和历史等方面的意图，并从视线转合、身体使用和精神互动等方面与场地建立多维联系。竖向在塑景环节会进一步对景观元素进行调整，以此来契合景点、场景的刻画营造。

综上所述，以上以公共绿地长期发展所继承的空间特征为核心含义，从交通空间的系统性和功能空间的合理性出发，通过系统的自上而下的视角和自下而上的需求支撑，总结提出了一种"以形为流"的设计方法。将这种方法应用到中小城市中心公共绿地的规划中，可以进一步强化绿地的系统价值。通过这种方式，设计师可以理清设计思路，注重场地精神和文化内涵的清晰构建，提高城市公共绿地系统的效率和整体价值。

四、公共绿地设计——城市公园设计

我国城市公园的规划设计要兼顾城市地区的自然风貌和文化内涵，继承公园保护生态环境的现状，正确运用各种适宜的建设方式和生动的艺术语言，营造良好的生态系统和环境。

（一）公园的分区规划

最初的功能规划更注重社区旅游、休闲旅游等简单的休闲活动。随着社会生活水平的提高，其功能需求可以更好地满足不同年龄、不同层次游客的需求。规划依据城市的历史文化特色、公园的实际用途、周边环境和当地的自然条件。功能设计与公园景观的结合，使公园景观更具服务性和功能性。[①]

根据众多城市公园的特点和性质，城市公园的功能可分为观赏区、儿童活动区、安静休息区、运动区、科教娱乐区、公园管理区等。

观赏区的主要任务是生态作用，不仅能增加园林的美观性，更可以保护和改善自然环境。最好选择远离公园出入口的位置。

儿童活动区要考虑到儿童的特殊性，布置游乐设施必须考虑安全问题，

---

① 曲娟，王东辉，房妍，等.园林设计[M].北京：中国轻工业出版社，2012：18-20.

正确安装隔离带。该区域的位置应易于识别，尽可能宽，并尽可能靠近入口和出口。从内部空间规划来讲，不仅要准备一个适合孩子活动的区域，还要规划足够的空间让父母陪伴。

安静的休息区通常位于公园相对安静的区域，通常设置在起伏的高地或河流和湖泊沿岸。在这个区域，人们可以沉迷于各种冥想的活动，如散步、书画、游戏、划船、休闲钓鱼等。

体育活动区的空间可以是定向的或非定向的。所谓定向是指一些固定的物理空间，如各种健身器材、竞技场等；非定向的活动空间随季节变化。选址最重要的要求是场地足够大，可以进行各种体育活动，从空间规划的角度来看，应该选在城市公园的主干道沿线或主干道与次干道的交会处。如有必要，应设置特殊入口或紧急出口。

科教娱乐区可以清晰地概括为"输入"和"输出"。所谓"输入"，是指游客在玩乐中学习科学知识和文化；"输出"是指在区内从事各种文化娱乐活动。专业的娱乐设施包括阅览室、展厅、娱乐厅、影剧院、溜冰场等。该区域选择的位置应为平坦、开阔的场所，尽可能靠近所有出入口，尤其是正门。周边将建设便捷的道路网络，并辅以多条便于游客发现和分散的花园小径。

公园管理区的任务是照顾公园的各项事务，保障公园的正常运行。辖区内应设有办公室、保安室、保洁设施等综合部门，处理园区日常事务。这个区域通常要远离其他区域，但必须能与主体区域联通，所以主要位于十字路口或方便连接出入口处。因其功能特殊，需设置专门的出入口，禁止游人随便靠近。

（二）公园出入口的设计

出入口是连接城市与园区的重要屏障和纽带（图4-10），其定位直接关系到园区内某些功能区的使用情况以及园区整体的利用水平。出入口按其性质和功能通常可分为三类：主要出入口、次出入口和特殊出入口。

主要出入口应设在人流量大、与城市主干道相交、靠近交通站的地方，同时保证有足够的专用场所供车内人员集散。主要出入口还需准备相应的配套设施，如园区外停车场、售票亭及售票处（视园区性质而定）、园区外集散广场、门卫室、园区内集散广场、警卫室。次出入口位于主出入口旁边，起到减少主出入口压力的附加作用，主要对居住在公园周边的居民和城市次要干道上的游客开放。由于游客的固定性，我们经常可以估计流通的人数，因此比主要出入口规模要小得多。

图4-10 公园出入口

根据园区管理工作的需要，为园区内的工作人员开设了专门的出入口，该口不向游客开放，始终位于园区内的园区管理区附近，是一个比较偏远的地方。此外，园区内的货物运输或需要园区提供专门的场所限制对游客开放时，也通过专门的出入口来完成。

（三）公园铺装场地的设计

城市公园规划采用天然或人工铺装材料，按照规划方式对地面进行预铺，营造不同的地面形态（图4-11）。城市公园路面的设计受公园整体风格的影响，设计必须以公园的总体设计要求为依据，每一个铺装面的面积和特点、不同的材料、图案和铺装方式都必须设计好。

图4-11　公园地面铺装

每条走道的位置都具有划分景观空间和容纳通道的功能。规划设计时，应结合活动、休闲、流通、旅游等功能，制定专门的设计方案。

（四）公园水体的设计

水体中的映射具有不同于其他景观创作的独特魅力（图4-12）。由于水的反射和折射，公园的景观和周边环境发生了各种变化，丰富了公园的空间层次，使原本硬朗的真实美景变得更加柔软、虚幻、神秘、细腻；美妙的水声，无形中丰富了游客的听觉体验。

图4-12　公园水体设计

（五）公园建筑与公园小品规划

建筑设计和精美的草图使庭院散发出无限的生机和活力。风景公园及其小品体积小，功能简明，造型独特，品位独特。它们以高品质的传统艺术和现代装饰为特色。与植物和公园空间一样，它们是公园设计中较为活跃的元素，它们的内容非常丰富，可以装饰空间，增强景观，并具有使用和造景的双重功能。

为了充分表现景观效果，公园建筑和小品往往要经过各种艺术处理，不仅要满足其特定的功能要求，还需要建造位置、尺度、造型适宜的公园建筑和小品。建筑小品（图4-13）可作为场景独立使用，也可巧妙运用于群景中，增添公园氛围，同时为游客提供休息和公共娱乐活动，让游客观赏美丽的风景。

图4-13　公园建筑小品

（六）公园的道路系统设计

　　规划合理的道路是游客在公园内畅行的基本保障（图4-14）。道路具有分隔空间和区域的功能，以道路形成界线。一个好的公园道路布局必须注意起景、高潮和终景三个方面，道路是山、水、建筑之间的纽带，是一个紧密的单元。道路分为主干道和辅道、铺装路与土路、平路和山路等。道路造型呈直线状，视觉上具有流动感，为公园布局增添了活力。道路随着地形的变化而转弯自然有序。人行道的花纹和色彩也很有装饰性。道路与其他元素连接，有时以广场的形式与不同的造型环境和功能区域形成过渡。

图4-14　公园道路

（七）城市公园的植物设计

城市公园内的植物在改善城市气候、调节温度、吸尘、降噪、保护水土资源等方面发挥着极其重要的作用。空间植物物种的组合妙趣横生，增加了立体景观空间的丰富性。导视和阻视就是利用植物材料创造一定的视觉条件，以提高空间感和空间视觉序列的质量。"引"与"障"的方式可分为借景、对景、漏景、夹景、障景及框景，起到美化景观和创造意境的作用。

城市公园中的植物分为乔木、灌木、草和藤本植物。在实际应用中，公园植物作为景观材料的可分为乔木、灌木、草本花卉、藤本植物、水生植物和草坪六种类型。

植物最重要的是装饰特性。暖温带和亚热带的树木通常在春天开花，所以夏天、秋天、冬天和四季开花的树木非常珍贵。例如，紫薇、凌霄、玫瑰等可种植在院落的不同空间位置，营造出四个季节不同类型的景观（图4-15）。

166

图4-15　公园花

植物的枝干具有重要的观赏特性。如青杨、毛白杨等幼树的绿色或灰绿色的枝条，红瑞木、紫竹呈红紫色的枝干，将成为冬季花园的主要观赏品。

公园植物的果实也富有观赏价值，如葡萄、金银花、枸杞、柿子、菠萝、柚子、木瓜等。

第四节　现代中国城市公共景观设计

一、传承人文性的现代中国城市公共空间景观处理

（一）凸显公共空间景观构成要素

"空间"具有不同的具体形式，从单个建筑到整个城市空间，具有不同的类型和个性，相关的功能和形式也不相同，这些空间元素也较为多样化。

东京工业大学的白川英树教授将户外空间划分为边界、场所、入口、通道、标志和环境六大要素，这与空间认知和规划设计息息相关。关于城市公共空间的构成，一般认为空间形态的构成有具体的"物"，如建筑、铺路、雕塑、绿化、水面等；也包括无形的"物"，如历史文脉、精神文化等。

在现代中国城市公共空间中，无论是自然元素还是人文元素，都是传承城市文明成果、发挥城市建设成果的重要工具，在适当的条件下，对城市公共空间的形成和进一步影响具有重要意义。因此，在城市公共空间景观设计中，需要对以上两个要素进行充分的认识和分析，才能最大限度地发挥它们的作用，使它们相得益彰，取长补短，共同形成一个高品质的城市公共空间。

自然元素是一座反映城市发展的"自然博物馆"，对城市公共景观空间的美化和改造效果是显而易见的，也是立竿见影的。在继承历史文脉的自然景观要素建设中，要保护和利用公共区域的老建筑、古树名木等历史遗迹以及自然地形和水体。历史遗迹可以赋予城市公共空间浓厚的历史文化气息，而自然存在的山水景观和植物可以让城市公共空间更加丰富和充满活力。在大多数情况下，一个城市的环境风貌和特点往往表现在其独特的自然景观中。

人文元素是维持和塑造城市历史、文脉、风俗和特色的重要工具。文化景观往往是一座城市的符号和象征，如一座城市的名楼或雕像，可以记录一座城市的历史，传播一座城市的文化，如北京的紫禁城、上海的东方明珠等，已成为城市地标。城市人文景观的形成与历史文脉的延续息息相关。国内外最有名的城市都有几千年的历史，历史不会重演，也无法复制，跨越漫长岁月所留存下来的历史氛围就成了城市最宝贵的东西。因此，人文景观设计必须立足于整体，立足于原有的自然和人文条件，运用现代科技对历史和人文元素进行保护、继承和应用。在不改变或摒弃城市传统文化和历史遗产的基础上推进城市发展，使历史遗产与城市和谐共存，打造富有历史人文意义的现代城市，使人文景观与地域文化特色清晰。

人文元素是人类长期发展过程中遗留下来的物质或非物质文化遗产，如建筑、雕塑等。如何发掘城市环境中蕴含的宝贵文化遗产，再现其尘世的故事，是建筑和公共空间设计中必须考虑的因素和解决的问题。优秀的公共空间设计方案可以巧妙地活化历史遗产，自然融入现代城市的公共环境中，与现代城市景观相得益彰。比如张家口工业文化游乐园，就是用来承载几代张家口人的青春记忆，支持张家口工业发展的。京张铁路是中国的工业遗产，但随着时间的推移逐渐成为工业废墟。设计师深挖这些废墟的生命力和温度，在设计上注重历史价值和更新，营造了一个有故事有温度的空间。这些空间现已成为集观赏价值、人文情趣、休闲娱乐为一体的主题公共空间。

城市公共空间是文化传承的重要场所，城市景观也是人文景观，在设计的时候可以挖掘城市人文景观、社会历史、文化价值，并与景观设计理念结合，创造具有丰富空间环境的景观。人文景观是城市的历史文化遗存，是艺术性的城市建筑，是人们通常停留时间最长、游客去往最多的主要场所，直接影响人们对城市景观的整体感受。因此，城市公共空间的设计变得非常重要，既要注重城市的基本功能，又要营造富有历史文化氛围的环境。

（二）传承城市文脉的空间组织结构

在现代城市公共空间的景观环境中，研究其空间组织结构时，需要注重多层次的创造，分析空间的转换与重组，增加环境的流动性和可变性，这是非常重要的，在城市公共空间设计中具有重要意义。目前，国内外城市公共景观的空间组织结构主要包括以下类型，即核心型、分子型、动态线性型和综合型。在城市功能规划和空间组织方面，可以总结出五个特点：一是以主体建筑为中心，围绕各组建筑布局形成结构；二是注意交通对环境的影响；三是注重环境景观艺术；四是充分考虑未来发展和各方关系；五是向公众开放。

在城市设计中，场所隐藏的文脉主义逐渐与城市环境、区域乃至城市之间的各种元素形成有序的关系，而不再局限于元素本身的设计方法和策略。在这些无形的规则中，这些规律本质上也体现在富有文化、历史和传统的城市环境元素中。它隐藏在城市的一些古老历史遗迹中，不仅活跃于城市本身的空间组织中，还活跃于城市人们的生存模式和城市整体氛围及形象气质中，更加贴近城市历史文脉的本质。

同样，城市公共景观空间的空间组织，必须包容和延续城市的历史脉络，必须兼顾新旧历史轴线、历史景观和仪式感。城市公共景观是一个完整的系统，是城市环境的一部分，必须与城市整体空间结构相适应。城市公共景观空间与建筑实体的关系恰恰相反，建筑是围绕公共景观空间的重要界面之一，城市公共景观空间是建筑实体的基础和支撑。城市公共景观空间本身必须形成一个完整的体系，以保证所有用户活动的连续性，这种连续性是公众了解环境整体特征和城市历史文脉传承的重要体现。

（三）延续城市肌理的空间界面处理

1.空间界面

界面作为建筑的具体术语，特指一个封闭空间的三个侧面，即底部、垂直平面和顶部。界面作为空间的一种外在形式，广泛存在于建筑中，建筑的本质是界面包围的空间，空间只能通过实体来使用。将实体抽象界面的概念转化为具体的空间形象，直接继承了对建筑内部和外部的感知意义，具有建筑实际功能和意义的空间环境以及许多外部界面，如颜色、纹理等因素，直接影响到人的感官，从而影响人们对建筑的理解。此外，界面对环境对建筑也有很大的影响。因此，界面的本质是空间环境意义的逐渐转移。空间界面不仅是建筑和景观视觉的关键要素，也是空间组织的体现。

2.城市肌理

将肌理一词引入城市建设，旨在表达城市的复杂结构和空间组合。城市肌理代表了城市发展的水平，尤其是城市空间的丰富程度。城市结构的各个部分相互联系、相互影响，在长期发展中不断变化、创新、传承和发展，共同构成了城市发展和城市吸引力的命脉。

城市公共景观空间作为城市不可分割的一部分，一方面与城市肌理相连，另一方面，在自身发展的过程中，也形成了自己独特的景观肌理，承载了城市的历史和文化。

景观肌理是由空间元素叠加形成的，具有整体性、连续性、递进性的特点。景观肌理是对公共景观空间形态和特征的描述，直接关系到景观环境的细节，涉及人的视觉和各种感知。景观肌理的探索可以快速提高设计师对城市公共景观历史进程的理解，快速了解景观空间的独特性，继承城市景观空间的历史脉络，保持城市特色。在福州苍霞历史街区保护更新工程中，通过提取片区空间原有形态和尺度，涂抹街巷肌理，传承街巷，全面激活片区，空间的商业应用也得到了继承。

3.延续城市景观肌理的空间界面处理

空间界面是一个特殊的元素，将不同空间分隔开来。界面是空间的基本支持者，具有多种表现形式。空间环境中的自然元素和人造元素也是界面的基本支撑，共同完成空间形态的构成。

空间界面延续了景观的肌理，在塑造城市的历史背景和景观的空间环境方面发挥着重要作用。一座老建筑，一些老树，矮墙，三五把椅子，不仅是空间界面的表达，也是城市的历史文化，表达了空间环境的某种意义。景观空间的界面设计既是物质的，也是精神的。空间界面的材质层次侧重于建筑空间界面的形式关系和直观感受；空间界面的精神维度表达了人类心理行为、行为文化构成、对环境的关注，是一种内在状态。在设计城市公共景观的空间界面时，应考虑以下几点。

（1）连续性

空间界面的连续性是打造一体化城市景观环境的最重要要求。这种空间的连续性可以理解为一种连续的行为活动，即为社区活动提供一个系统的空间，不能被分解。其次，从人的感知角度来看，景观空间环境的造型需要充满韵律感，韵律感会让空间更加有趣。空间界面的连续性不仅是视觉感知的动态表现，而且是有机的统一和整体的连续性。这种延续性也体现了对城市景观文化的一种尊重，是城市在时间上积累的历史文脉的空间延续。

（2）可识别性

物体可以被人有效地识别，形成习惯识别的本质，满足环境心理识别的要求。识别环境是人类的本能需求，识别环境并不难，这是景观设计的基本要求，在困难的空间环境中，人必须立足环境，作出环境定位，这样才能易于理解、引导和组织环境。可识别性原则是通过人的心理需求与环境形象的有限关系来反映人们的关注，公共空间中的一些历史性的、标志性的建筑是空间中最好的标志。广州炮台遗址公园是一组拥有150年历史的古堡群，现在海防教育历史公园已在原址上建成。项目场地周边有一套完整的炮台防御系统，炮台维护良好。

（3）适宜性

适宜性原则要求用户界面反映对人类行为的心理支持，尊重地域历史背景。人类往往有固定的空间使用模式，这主要是由于人类进化过程中基因塑造的一些文化习俗。因此，空间界面的人性化设计是基于人类行为的心理需求，创造出的一个适应人们日常生活体验、延续城市历史脉络的舒适空间。

二、彰显人性化的现代中国城市公共空间景观布局

（一）基于人性化的交往空间品质的提升

人作为城市环境的重要组成部分，受到环境的影响，但人可以改变环境，人与环境的关系是相互作用的结果。人们对城市公共空间的需求和他们的行为是分不开的，除了建筑内部的环境和建筑外部的环境，人类还需要一个交流和互动的场所，这样才能很好地构建人与人之间、人与集体之间的关系，这对人的品格形成、个人的成长和发展非常有利。在现代中国城市公共空间设计中，营造舒适自然的空间环境，可以增加人与人之间的亲和感，使人们更容易产生归属感，更愿意相互交流和理解，从而形成和谐交流气氛。

城市公共景观交流空间的设计应着重分析人们的心理需求和行为活动，营造有利于交流的环境。根据人类交流活动的不同，交流空间具有类型多、功能多、层次多的特点。交流空间大致可以分为个体区域、小集体区域和模糊区域（不确定空间）。

1.个体区域

城市公共空间中的个体活动区域可以是池塘附近的石堆、森林中的长凳、草坪附近的栅栏和建筑物的角落。不管是什么环境，只要能够封闭、隐

藏、支撑，就会让人感受到内心世界的领地，想要生活在这样的环境中。在公共景观、路边、大树等人们经过的地方，利用树木、灌木、草花，配置椅子，从而形成封闭的感觉，以供人们随时使用。

2.小集体区域

城市公共空间中的很多活动往往是三五人一组进行，因此景观空间中必须有一定的休息空间。在较大的空间和人行道上，应该有一些长凳或平台，甚至是树，这样人们就可以坐下来聊天，如果人多，就需要更广阔的环境。一个小巧但设计精良的广场，即使是一块颜色漂亮的硬质路面，都会让人感到舒适和快乐，更不用说合适的绿化和充足的休息椅可以供人们促膝说话了。

3.模糊区域（不定空间）

在动态空间中，设计没有固定功能的空间，可以用不同的高度和不同的围合来界定空间，类似于只提供舞台和背景来满足各种自由活动的需要。人们在室内的时间比在室外的时间要多，人与人之间的日常户外交流是最常见的交流方式。城市公共景观空间的主要价值在于为人们提供一个自然舒适的交流环境。

（二）创造风格独特的景观公共设施

公共设施由许多相互作用的要素构成，主要涵盖自然要素和人文要素两个系统。城市公共空间景观是一种人工环境，为社区聚集活动提供了各种公共设施。公共设施的质量将直接影响人们的情绪、心理、工作和学习的效率以及相互交流和沟通。有些城市已有数百年甚至数千年的历史，公共设施作为城市文化的重要组成部分，有着历史发展的过程和秩序。它们反映了城市的历史文化脉络，是市区活动的重要组成部分。

1.公共设施的作用

公共设施是人文环境的典型表现，一个地区的公共设施可以反映一个人文城市的建设和市民的文明程度。公共设施是公共使用的，不是私有的，大众参与性很强，公共设施的文化认同对空间使用者的影响是显而易见的。形状、颜色、材料和其他符号，各有不同的含义，是伦理道德的心理感受，表示社会关系、社会结构、思想和习俗。公共设施作为一种特殊的空间符号，承载和传达强烈的城市形象特征，在大众与公共设施之间的精神交流和认知提升过程中发挥着重要作用。因此，要特别关注影响城市景观的文化设施，充分利用公共设施做好丰富的城市文化活动，使人们能够利用这些活动的载体，发展良好的行为习惯，践行人文精神。

2.现代中国城市公共空间中的公共设施设计

现代中国城市公共设施的空间布局和人文特征的多样性，满足了使用、分配、物质、平等、自由、关怀等具有更高精神要求的使用方式的需要。城市景观中的公共设施设计可以从以下三个方面渗透精神内涵。

（1）设计风格

利用城市独特的自然景观和人文景观，营造独特的公共空间和建筑环境，是构建具有精神内涵的城市景观环境的重要组成部分。公共空间规划与城市文化相结合，形成相互映衬的整体风格。例如能够转动的公共座椅，让人即使遇到了下雨天、有人打翻了饮料或水，都可以通过转动座椅迅速获得干净的那一面，继续使用公共板凳。这种将空间、功能和艺术完美结合的城市家具，让公共公园即使在今天也成为一个活泼、自由、快乐的市民天堂。

（2）历史环境的保护与纪念环境的营造

每个城市都有自己的故事，在城市环境更新和扩建的过程中，需要保护城市环境中的公共设施，如利用指示牌等设施雕刻出城市环境的历史文化信息，利用人们的潜意识传达着城市的精神。设计师在设计时可以建设一批与城市相关的历史人物、历史事件纪念设施等。

（3）设计内涵

城市环境服务的主要对象是城市居民，因此城市公共空间的规划必须对环境背景进行分析总结，总结出相应的特征。城市公共景观为休息、交流、运动、娱乐、聚会等必要的公共活动提供了更多的空间，直接影响着城市公共空间的面貌和环境，在一定程度上方便了人们的生活和学习及工作。

3.城市公共空间中的公共设施设计

城市公共景观中的公共设施设计需要展现城市环境的文化特色，满足一些特殊群体的需求。办公、休息等公共设施可与办公楼共建，公共体育设施和体育活动尽量在工作区之外，使动静区域得到保护，避免交叉影响。

（1）工作空间中的公共设施设计

城市的许多公共设施旨在为人们提供休息场所，有效减轻工作压力。工作区内公共设施应放置在相对安静的位置，该位置应尽量减少外界因素的干扰。公共设施之间需要有一定的距离，周围可以有花池或灌木，以软化空间，适应空间使用者的生理和心理。更重要的是，这些设施不能被简单的机制隔开，因为这会产生封闭、孤立甚至压迫的空间感，此外，公共设施必须提供充足的照明。

（2）交往空间中的公共设施设计

舒尔茨认为，一个场所的本质是交流，它是改善一个场所的一种方式，从人的心理和行为模式入手，可以为这种交流活动的萌芽提供更好的条件。在互动的城市空间中，创造适宜的交流环境，支持人们的交流活动，使人们相互了解。除了适当的休息区外，许多聚集的开放空间还可以提供隐藏的音频服务。此外，可以安装简单的小卖铺以增加空间的密度。城市的交往空间被设计成一个活跃的、开放的、以主题为导向的适合户外休闲时间的公共空间。

（三）私密性空间与公共性空间边界的弹性化划分

在城市公共空间的设计中，要充分理解公共和私人的认知本质，考虑各种社区群体的需求，创造多样化的空间，让城市环境更加人性化。为了实现公共空间和私人空间的平衡和互补，在设计中需要考虑以下几点：

一是加强空间领域。一般来说，当我们在一个空间里感觉舒服的时候，我们通常把这个空间称为正空间，也叫积极空间。正空间一般是指形状清晰、边界清晰，形成向心秩序，封闭感较好的空间。反之，当空间的形状不规则，边界不清晰，包罗感较差时，可以认为是消极空间。为了回收剩余的消极空间，我们可以加强对外部空间的控制，在消极空间中使用矮墙、花架、天然植物等结构，增强封闭感，提高空间利用效率。

二是增加空间内容的丰富度。城市公共空间的规模往往很大，层次简单，内容单调。这个空间的"公共性"不仅是针对个人的，最重要的是针对更多的人，如果能满足大部分人的使用需求，人们则会有兴趣留在这里进行更多的交流，想要做到这一点，需要更加人性化的技术。

三是具有赏心悦目的外部空间尺度。对于户外的公共活动，无论是规模本身还是室内空间都不能太大，否则就会造成荒凉感。但它也不能太小，否则如果一个人已经在空间中移动，进入它就会有一种闯入私人空间的感觉。在城市公共空间的设计中，考虑到人类活动的标准，一般以20～25平方米为基本模块，从而在一定程度上创造一个实用的小尺度空间，尊重和满足人们的需求。

四是灵活的空间边界划分。相对于内部空间，当人类进行活动时，内部空间很少与外部空间完全分离，这需要弹性划分内外空间的边界，形成半开放空间。

五是灵活限制。功能明确的公共造景空间可以设计成露台、楼梯和低墙边缘的舒适座椅，可以给人们多种选择。

综上所述，应根据私人空间和公共空间的不同层次，划分公共景观空间，合理安排空间秩序，逐步强化收紧空间的效果。层次的外部空间，应充分满足不同人群的多样化需求，使他们有强烈的地方感和归属感。

三、城市公共滨水景观生态化设计

（一）滨水绿地设计

城市滨水绿地开放空间与自然滨水绿地开放空间的景观构成有相似之

处。然而，城市滨水绿地并不是对自然海滨绿地的不合理模拟。对于现代城市绿色开放空间而言，其构成要素除了水面、河床、护岸材料等构成海滨滨水的各种因素外，还包括社区活动和感受等主观因素。

城市滨水绿地的形式很多，必须根据具体情况合理安排，以下以城市附近或市区内相对安静的滨水绿地为例。

这种滨水绿地空地面积通常比较大，居民在日常生活中使用较多，可以为居民提供观光、健身等多种休闲功能和文化娱乐。这类滨水绿地的元素包括草坪、乔木和灌木、椅子、亲水平台、小亭子、厕所、饮水处、楼梯、坡道、小商店、食堂等。在布置绿色空地元素时，还必须考虑以下几点：

（1）路堤后面的台阶与路堤内的人行道必须相互连接。

（2）长廊的设计应有效利用路堤一侧的乔木树荫，设计成曲折、蜿蜒状。同时，设置适当的间隔，将椅子放置在景观效果比较好的地方。

（3）设计防止游客落水的措施。

（4）在低水位护岸段和靠近水面的地方设置亲水平台，满足游客接近水面的需要。

（5）路堤上游侧的缓坡护岸应尽量有一定的坡度变化，并铺设几片草坪，让景观不会太单调，适当增加一些功能。

（二）城市滨水驳岸生态化设计

持续的人类建设活动对自然环境造成了很大的破坏。人们更关心经济增长和技术进步。但是，当事物的基本形式发生变化时，社会的价值观也会发生变化。为了保护我们的生存环境，我们必须摒弃所谓的"完美主义"，将人为建设控制在最低限度，对人为改造的地方尽量补偿生态环境，从而使自然滨水景观设计理念真正付诸实践设计。

建设自然城市的理念在城市滨水区建设中贯彻落实，河道堤防的设计与维护非常重要。为保证河流的自然生态，护岸设计的具体措施如下。

1.植栽的护岸作用

以植树造崖筑堤，称为"生物学河川施工法"。一些水生植物可以种植在河床浅、水流缓慢的河岸上，如各种类的柳树。这类植物不仅能起到固结沉积物的作用，还能在树木生长时在海岸上形成遮荫，可以通过控制水生植物的过度生长，减缓水温的上升，为鱼类的生长繁殖创造良好的自然条件。

2.石材的护岸作用

城市河流一般位于人口密集地区，因此控制河流水位和考虑堤防安全是非常重要的。一般采用石混凝土护岸的施工方法，这种方法都有其优缺点。在护岸工程中应采取适当的措施，如种植杂草，以减少人工结构的粗糙度。在石材护岸面上，有意识地做出凹凸，这样的肌理给人以亲切感，砌石元素的加入，可以消除人工构造物特有的棱角。在低流量流域，干涸的岩石被用来保护河岸，这样可以为野生动物留下栖息地。

第五节　现代中国城市地下公共空间设计

一、当代城市地下公共空间的类型

城市地下公共空间通常是指低于水平面的公共活动空间，如地铁站作为城市人口聚集的场所，自然是城市地下公共空间发展的重点区域。

随着城市地下公共空间开发和可持续利用的进步，地下公共空间的种类不断丰富。由于商业功能的不断加强，早期主要起交通连接作用的地下线路逐渐发展为地下道路。由于地下与地面统一发展的要求，凹形广场、凹形街道、凹形中庭等空间类型不断演变，成为连接地下与地面的媒介。

随着越来越多的城市元素和功能融入地下空间，包含交通、商贸、休闲、景观、停车等综合功能的地下城市综合体开始出现。

二、城市地下公共空间设计的重要区域——地铁站

由地铁站衍生的区域地下空间构成类型按其演进顺序分为以下几种。

（一）独立式（孤岛式）

地铁站最初服务于独立形式，地下公共空间是通道形式的非付费区域。这种类型使用最广泛，通常车站建设先于周边地区建设，以鼓励沿线建设。在演变过程中，它可以与建筑、景观、市政等结合。比如，上海轨道交通车站大部分建在路下，站厅层横跨道路，2~4个独立标准出入口直接连接厅层非付费区与城市道路两侧人行道，兼具地下过街功能，上海地铁9号线商城街站就是这样的设计。

地铁站地下空间通常采用独立出口模式，主要用于交通疏散，地下公共空间规模较小。其设计目标是快速有效地完成地铁乘客的通行，满足地铁系统的基本要求。管理维护简单，投资少，工期短。但这种布局方式未能充分利用城市轨道交通车站人流聚集、周边地下开发、车站主体与土地保护距离等因素带来的发展机遇。由于周边地下开发和车站主体的保护距离等原因，地下可开发空间资源的浪费和与周边地下空间开发的隔离，使推动站点区域地下空间的利用受到了很大的限制。

（二）上盖物业结合式

随着城市的发展，城市土地变得越来越紧张，为了提高社区土地资源的使用效率，已经出现了制定地铁上空权的案例。在地铁上层建筑的开发模式中，地铁站与其上层的商业或办公室相连，其中一些可以通过上层建筑与周边其他物业形成便捷的连接，通过立交桥与其他设施形成便捷的联系。上海地铁9号线打浦桥站是地铁站与上盖一体化发展的典型案例之一。由开发主体力推的该地铁站以及上盖物业"日月光中心"，由甲级写字楼1栋、住宅2栋、商业建筑14万平方米组成。商业大楼有7层，从地下二层到地上五层。

179

地铁站采用与上层建筑一体化开发的模式，不仅为其上方的商业办公物业带来便捷的可达性，还使包括与上层建筑融为一体的地铁设施，如出口、风井、冷却塔等，消除了对城市环境的负面影响。

（三）通道结合式

通道结合式是发展邻接关系最常见的方法，与地铁上盖物相比，其地铁与周边物业的关系显得更为独立，但开发项目可通过地下通道直接与地铁相连。大多数情况下，地铁及周边项目至少有一个直连通道或接口。与上层建筑的开发相比，这种开发方式与地铁等物业的建设配合要宽松得多，因此更容易实施。比如上海地铁1号线黄陂南路站2号出入口直通太平洋百货，东北角大堂层（无编号）直通K11商场。地铁站大堂层兼作交叉隧道，1号出口通过100米左右的交叉通道通往四明里休闲广场。

由于地铁站辐射面积有限，当出入口长度超过行人舒适步行距离时，地铁站人流对组合公司或场所活力的影响降低。在黄陂南路站，从较长的十字路口到四明里休闲广场1号入口的人数明显少于从2号出口到太平洋百货和车站大堂到K11艺术购物中心的人数。

（四）网络整合式

网络整合式项目的地下空间与地铁站周边的一些建筑相邻，通过地铁站连接，形成了一个原始的地下公共空间网络。

上海地铁10号线五角场站依托轨道交通建设，将地铁站大堂与周边地下公共空间连接起来，形成较为完善的网络一体化的地下步行系统。五角场站有4个出入口，均可作为人行道使用。地下步行系统以五角场岛周边的下沉广场为中心。沿着广场环形步行区的5条入口街道，有9个出入口，分别通往邯郸街、四平街、黄兴街、祥银街、淞沪街5个主要路口；人行道直达苏宁电器广场、万达广场、百联又一城等商业综合体的地下商业空间。

（五）多站整合式

在城市（副）中心区域，由于轨交站点密集且各类开发强度大，可以围绕多个地铁站，整合相邻的购物、餐饮、交通、休闲等功能，区域之间可以相互连接，如将步行系统组合成一个整体，形成较为完整的地下公共空间网络。上海现有4座已形成或初步形成一体化开发模式的地铁站点，如人民广场站、徐家汇站、中山公园站、静安寺站，均采用与周边企业一体化发展模式，形成地下步行网络。

以徐家汇地铁站为例。车站位于上海市区西南，徐汇区漕溪北路下，为1号线、9号线、11号线三线换乘站，目前共有19个出入口，这些出入口大多直接或由换乘通道与周边地下及地面商业设施联系。由于地处徐家汇副中心的核心，徐家汇站区周边有大量的商业和写字楼，每条街道的车流量都很大，因此人行道系统的联系较少，仅有港汇广场与东方商厦路之间的虹桥路、港汇广场与太平洋百货之间的华山路设有人行横道；在太平洋百货与第六百货之间的衡山路由于采用了立体下穿，其地面人行道得以联系；其他道路不允许地面行人过马路。此外，在第六百货、汇金商业大厦和美罗城之间的肇嘉浜街还架设了人行天桥。因此，徐家汇地铁站站厅与地下的连接走廊，除了连接地铁站与商场外，也成为商场与商场之间的重要沟通渠道，有效减少了地面人行车行的矛盾。①

可以看出，地铁站地下空间的建设和发展是一个不断演进的过程，每个阶段都有不同的特点，但与建筑、景观、市政等的融合程度逐渐增大，相应地，也对城市更全面的发展起着推动作用。

① 卢济威，庄宇.城市地下公共空间设计[M].上海：同济大学出版社，2015：44-48.

三、城市地下公共空间中的地下街设计

地下街由地下人行道发展而来。起初，地下通道只留让行人通过的马路，里面并没有什么商业活动，但有人发现如果利用这个空间，可以创造商业利润，于是开始在过道两侧放置广告、橱窗和广告灯广场。在这个阶段，地下街仅用于商业信息的交流，不用于商业交易，后来随着规模的扩大，设立了摊位和商店。此后，商业活动也正式与地下通道合并，逐渐发展为地下街的雏形。正因为如此，地铁从·开始就被定位为一种空间组合利用，一种"安全步行"与"商业行为"相结合的发展模式。后续的地下街将把这一理念作为最基本的发展理念，引领地下街的演进方向。其中，"复合"一直是影响地下街发展的重要概念。基本上可以发现，所有的地下街都是结合几个目标开发的，要么是与地面空间共同开发，要么是与其他地下空间一起开发。因此，也可以说，地下街是一种通过复合概念创造自身价值的空间开发模式。

（一）常见地下街类型——以形态分类

根据形态可分为街道型与广场型两种基本型以及跨街区型及聚集型两种衍生型。

1.街道型地下街

街道型地下街道主要位于城市主干道下，连接主干道两侧的行人系统与出口，有时还连接地铁走廊、过街地下通道及周边地下空间。通道型地下街道主要建在地铁线与地面道路之间的空间内，其宽度与地面上的主干道和地铁线的宽度大致相同。

2.广场型地下街

这种形式的地下街位于车站广场和城市公共广场的地下，借由地面出入口、垂直通道，地面下沉广场与地下通道相连，再通过地下通道与交通中心相连。广场型地下通道的规模通常较大，店铺布局相对自由，与街道式地下通道不同，店铺设在过道两端，多采用大堂式布局。此外，借助与地面环境的协同开发，地上和地下在景观、动线和功能之间形成了更强大的功能整合，有更高的使用效率。

3.跨街区型地下街

跨街区式地下街是街道式地下街的衍生形态。与街道型地下街道相比，跨街区型地下街的范围不限于一条道路，而是通过地下空间的连接，将地下街从两个街区扩展到三个街区。因此，跨街区型地下街可以理解为街道式地下街道的延伸，形成L形、T形等宽阔的地下街道。如果这样的地下街道与地下人行道一起开发，就有机会在市区形成地下步行网。

4.聚集型地下街

聚集型地下街由多条地下道路组成，通常以交通枢纽为核心，多条地下道路与交通枢纽结合，形成地下商业带或两者兼有。聚集型地下街是地下通道成熟时才会出现的类型，这种类型的出现，也意味着城市地下已经形成了下空间体系。

（二）地下街的设计及其理念

1.文化性的高度体现

大型的LOGO、广告牌和建筑形式体现了地下街文化的特点，并基于地铁公交的衍生功能，形成了独特的商业区。在设计地下街时，要注意地面空间和地下空间的室内外空间、交互一体化、大屏等相关技术，还要考虑周边空间氛围的渲染，从而形成统一的内外上下互动的商业氛围，进而营造时尚的公共商业氛围，激发地下街区的活力。

华强北站是我国领先的电子商业街。这个地区的许多电子产品出口到世界各地，所以这个地方的设计特点是国际化和高科技感。华强路地下空间的地面出入口颇具科技感，强烈交织的线条、灯带和互补的高清大屏幕，呼应

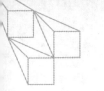

了国际电子街的称号。但可惜的是地下空间没有延续高科技感，游客如果通过华强路令人目眩神迷的地下出入口进入华强路地下通道，一定会对无味的地下通道感到失望。并且由于前期规划的原因，长约1公里、面积3.1万平方米的华强路地下空间下沉广场，与地面的连接仅依靠13个几乎相同的地面出入口。这使得华强路的地下空间与地面的联系更加被切断，地下街和地面步行街也就不可能连成一体。

2.形态与功能的高度统一

内部功能是地下街设计的重要依据。由于地下商业道路受环境等因素影响较大，其功能配置不如地上商业区灵活，无法满足商业区的多功能需求。因此，如何利用有限的空间和有限的投资，实现商业空间的长期高效运营，是地下街空间设计的重点和难点。随着地面商业对地下空间的使用越来越多样化，地下街也以越来越灵活的身份参与到城市商业活动中。

3.时尚特征的高度反映

现代建筑精神其实是一种与时俱进的科学技术和审美观念。地下街的评价标准是保证使用者感觉不到气候颜色、温差、空气浊度、泥土等方面的差异，在地下街设计时应尽量减少地下感觉。主题明确、节奏感强的地下街，空间感较好，进入地下通道后人们的感受与在户外基本一致，营造出了高品质的购物环境。为增加街区的通透性，部分地下街采用采光孔、下沉广场等方式，将明亮温暖的自然光引入地下，使地下环境更加人性化，但需注意空间连贯性与装饰的一致。

（三）地下街出入口空间上下联动设计

清晰、易识别、视野开阔是地下街出入口的主要要求，此外还要注意出入口空间的互动和定位。

1.优化形态组织

多空间建模和三维网络技术的发展，可以实现组织层空间形态的交互设计。当空间不易辨识时，可利用三角形、圆形、复合造型等各种独特空间造型的设计来吸引人，或使用空间框架丰富空间层次，加强空间辨识度。中心综合体的出入口必须采用下沉广场式，立体网络的发展提高了空间的联通性，多层垂直造型具有多样性和可达性。对多条流线的交会进行梳理，如休闲、交通流线的层次感和可视化设计，增加地上地下入口空间与周边其他空间的联系。休闲、协作的出入口与周边公共空间和周边商业活动缺乏联系，会导致地下商业街可达性差，缺乏吸引力。因此，要在保证标识引导系统完整性的基础上，加强与周边建筑的联系，提高居民的多功能选择性和区域可达性，减少地下障碍感。

2.引入文化功能

在功能和文化层面，结合城市的历史记忆和互动景观空间，可以创造空间和地方的精神。经典历史的记忆是时间的痕迹，对伟大历史事件的记忆既是对过去的尊重，也是对未来的激励。比如杨九路的地下空间，结合了重庆100多年工业发展的历史背景，具有很强的交叉感和时代感。

独特而创新的用户界面利用了历史行业元素。中央综合体的出入口大堂结合下沉广场和过渡平台，组织不同的功能区域。它集舞台广场、互动景观雕塑等多种功能于一体，成为促进公众参与空间、提供多功能场所、促进城市社区活动的不确定性和灵活性的好工具。各种交互设备所产生的效果给体验者带来了视觉、听觉、触觉等新的感知体验，从而引起了体验者浓厚的兴趣。休闲和共享出入口空间将在大楼梯旁增加休闲座椅，并结合地下公共空间的柱廊设置椅子，以增加公众参与度。

3.提升通行效率

通行效率是反映地下进出空间效率的重要指标，可以从标志和方向、车道和无障碍设施等方面进行优化和细化。路边出入口大厅具有过马路和地下营业的双重功能，入口标志放置在显眼位置，便于查找；区分道路标志和广告标志，避免信息混淆；注意标志的统一性，可以提高对标志和接收系统的理解。

根据设计前序景观小广场的过街边缘型出入口空间的便捷性需求，优化组织前序交通流线，需要考虑合理的多向路径流动，确保不同方向的人群能最快捷地到达该出入口空间，同时保持绿色景观带来的舒适感与亲近感。在出入口空间考虑无障碍设计是实现舒适行为的重要保障。拉行李的乘客、推婴儿车或自行车的人、滑滑板的人、快递员等都需要注意，通过增加自动扶梯的数量，可以保证上下同步。同时，栏杆和坡道的设计也能满足人群的行为需求。

4.保障安全可达

进出空间口必须与安全场所和视野对应。开阔的视线可以增加空间的安全感，这需要从增加空间的通透性和优化空间的过渡和改造的角度来提高。中心复合型出入口的下沉广场融合了中庭、天窗、天井等设计手法，增加了出入口空间的开放性，形成了空间的间接融合。采用格栅、玻璃等透明材料，将自然光和景观引入，可以有效降低地下公共空间的围合感。交通支线出入口大厅人流量大，需要设置一个防撞层和一个小型集散广场，作为人们等候和休息的场所。与绿化景观、公共空间等封闭空间结合，可以有效调节人流，形成行为过渡区，给人们一定的缓冲感，实时满足安全疏散行为需求，提高空间安全性。透明屋顶材料用来引入自然光可以保持房屋内部的空间感。人群视线缓慢从地上进入地下，营造出一种过渡的氛围，可以大大缓解行为过程的不确定性。

CHAPTER 5
第五章

现代中国城市公共空间设计的价值取向

　　城市公共空间的设计是在一定的经济条件下进行的一项复杂的系统工程，应遵循科技与艺术相结合的原则。它不仅是艺术的一种门类，更是生态需求及其价值的体现。过去，人们在评价公共空间设计的价值标准时，过分强调其功能价值、审美价值和生态价值，而在很大程度上忽视了其人性化和人文价值。现代城市公共空间则应突出其人性化和人文价值。本章将对现代中国城市公共空间设计的价值取向展开论述。

第一节　现代中国城市公共空间设计的属性变化及社会意义

一、现代中国城市公共空间设计的属性变化

现代中国城市公共空间的属性是一个动态的过程，体现在以下几个方面：

（1）从物质空间的审美呵护到场所精神的暗示。个体记忆赋予公共空间特征，人们开始注意到现代中国城市公共空间可以唤醒对场所的认同感和归属感，在创造公共空间时，设计师应该考虑谁住在那里？他们在做什么？他们如何理解宣传？他们如何应对宣传？他们有什么关系？他们关心什么需求？这就要求公共空间的设计要考虑内容的多个维度，如关系和规模。现代中国城市公共空间中的场所既要考虑环境的记忆需求和公共形象的需求，又要体现共同的社会价值、新的空间形态，以多种不同的方式植根于公共空间。

（2）随着互联网时代的到来，现代中国公共空间的属性面临着新技术的挑战。今天，移动社交网络是可以建立和影响社会关系的社交网络系统。无线网络技术使人们可以在城市公共场所使用智能手机和互联网，社交平台和应用软件系统为现代中国城市公共空间带来了新的信息，重组了现代中国城市公共空间的社会联系。传统的中国城市公共空间应适应网络空间，将自身改造为混合空间。在这个"混合空间"中，虚拟空间和物理空间并存，社交网络通过数字技术连接现实空间中的人们相互见面和交流，并进行更深层次的社会交流。面对网络技术的新趋势和智能手机的社会化，现代中国城市公

189

共空间必须适应时代和社会的发展，了解拥抱新技术的好处，将新的传播方式和工具应用到传统的中国城市公共空间中。简而言之，互联网和移动技术可以促进公共场所的社交互动。

（3）现代中国城市公共空间的定义被重新诠释。今天和明天的现代中国城市公共空间的定义必须通过新生活方式、新技术和新行动的融合来整合。从公共传播的角度看，现代中国城市公共空间的物理维度正在发生变化，不仅仅是广场、街道和公园，人们还愿意选择更多非传统、不那么开放的场所进行大众传播和公共活动，如酒吧、咖啡馆、商场或餐厅，同时他们的行为也不再局限于过去的日常游行和集会。在新社会科技的支持下，传统的休闲娱乐活动已发展为新兴的社交活动，如会友、健身、团体活动、学习等，现代中国城市公共空间需要被重新定义。在现代中国城市公共空间中，可以设计出更好的公共住宅，满足公众当前和未来的需求。

二、现代中国城市公共空间设计的意义——为谁设计

现代中国城市公共空间最终服务于城市居民公共生活，具有能够参与社会创新领域的场所特征。如何用服务设计的方法将现代中国城市公共空间的功能与人们的需求和生活联系起来，解决公共空间的实际问题，是每个研究和设计公共空间的从业者需要思考的问题。面对不断变化的世界，我们需要思考现代中国城市公共空间是为谁设计的。

（一）为普通市民而设计

现代城市空间不是针对"人"这个抽象的集体名词，而是为生活在城市中的普通公民设计的具体的、人性化的个体。场所强调人的体验，强调普通人在一般环境中的行为，强调场所的物理性质，强调人的行为和意义。场所和风景不是供人们参观的，是供人们使用的，因此人也是构成场所整体的一部分。

当为生活和内在体验而设计时，设计师可以将自己设想在其中，并融入当地人的生活，这时候的设计就具有使命感，设计方向可以是回归到人性场所的设计。要做到这一点，设计师首先要了解人性，即作为一个自然的、社会的人，他们需要什么，这样设计的场所才能充分体现出人性化。其次，设计师要"读懂"大地，大地上的足迹和道路，门和桥，城墙和栅栏，建筑和城市，大地上的文学和地名，都在诉说着人与人，人与自然，人的过去、现在和未来。所以读懂大地就是理解自然，尤其是理解人类自己。再次，设计师要体验生活，体验当地人的生活方式、生活习惯和价值观的经验，因为城市公共空间的设计是为了适应当地居民的生活。最后，设计师要阅读有关该地区的自然历史和人类历史的信息，在这里，我们可以感知到场所精神：一种源自场所自然过程和人文过程的内在力量，是设计形式的驱动力和原因。设计必须表现和反映场所的本质特征，这种设计属于当地生活和自然历史的一部分。

（二）为弱势群体而设计

现代中国城市公共空间在维护弱势群体的身心健康方面发挥着独特的作用。弱势群体大致分为四类：残疾人、老人、儿童和贫困人群。这四类人在公共领域的环境中有着不同的心理需求。

（1）设计公共空间时要考虑到残疾人。我们首先提出了一种满足残疾人生活需求的无障碍设计，关心、保护和帮助残疾人适应正常人的社会生活。无障碍设计考虑到残疾人的身体需求，并给予他们更多的精神尊重。为"人人使用"而设计的"通用设计"在设计中逐渐受到人们的青睐。由于精心设计，它不仅满足了残疾人的需求，也可以被其他人使用。这样一来，相较于之前体现在专为残障人士设计的"孤立平等"理念，通用设计是目前最为流行的设计方式。

（2）为老人进行全方位的空间设计。了解老年人的生理和行为特点，旨在为他们提供安全、舒适、方便的服务。今天，很多人错误地认为老年人想要保持沉默，但他们实际上想要交流。因此应关注老年人的需求，为他们提供舒适的交流环境，让他们心灵不再孤独。每个人都在变老，随着年龄的增长，需要适应环境。他们喜欢的空间，也是我们以后要体验的空间。

（3）儿童空间设计注意事项。首先要考虑的是安全问题。孩子们应该接触到动线设计合理，功能规划齐全的环境并投入其中锻炼，以逐渐成长。在为孩子做规划时，要考虑到空间尺度的问题，并针对不同的年龄段设计他们需要的空间。同时，设计不仅要凸显舒适性，还要结合人体工程学。

（4）面向贫困人群的空间设计方面。贫困人群也应该受到大家的尊重，设计师要注意不要让他们在公共空间的景观环境中自卑。国家在设计方面要提供大力支持，设计师也要拿出更好的设计方案，创造更舒适的空间环境。

（三）为未来而设计

随着这座城市开始思考"未来生活"，我们对"未来"有了各种美好的想法。我们迫切需要创造与城市产生共鸣的可能性，从公共空间出发，以情感为源泉，将人与城市联系起来，规律发展，更好地和谐共处。

面向未来的现代中国城市公共空间设计主要体现在以下两个方面：

（1）借助互联网促进现代中国城市公共空间协同发展。我国互联网技术发展应发挥互联网技术在城市发展和公共空间建设中的作用，促进现代中国城市公共空间共享。现代中国城市公共空间的共同开发，可以让人们在公共空间活动中更均匀地享受各种公共空间资源，并利用公共空间资源放松心灵，增加人们的精神愉悦。

城市发展和公共空间发展必须要有互联网思维。随着互联网的加入，可以实现现代中国城市公共空间的真正划分，实现现代中国城市公共空间的公共化。因此，要加快建设数字图书馆、数字博物馆、共享图书馆，让所有参观者在参观过程中更清楚地了解每件物品的历史，让每位参观者扫码获得专业解说。

在现代中国城市公共空间的联合开发中，要加快建设共享雨伞、共享汽车、共享单车等，借助这种共享方式，为人们的生活提供更多便利，让人们感受到出行便利的都市生活，让人们更热爱都市生活。近年来，出现了一股"共享社区"的热潮，这种新想法令人惊叹，受到了很多人的喜爱。让居住在社区的居民享受到更多的服务，甚至可以实现不同社区之间的服务共享。在"社区在一起"活动的推动下，社区居民之间加强了沟通交流，丰富了业余生活，增进了邻里之间的感情，有利于城市的和谐发展建设。

（2）传承历史文化，提升现代中国城市公共空间的文化底蕴。城市发展离不开文化建设，推动新时代城市健康快速发展，加强城市精神文明建设，需要传承城市历史文化，创新城市文化传承方式，发掘城市文化因素，促进城市精神文明建设，提升城市发展的历史文化底蕴。

城市文化是现代中国城市公共空间发展的精神支撑。在现代中国城市公共空间的开发中，必须融合城市文化因素，增强现代中国城市公共空间开发的人文情怀。因此，在现代中国城市公共空间的开发中，要认清城市文化发展的历史，维护城市发展留下的历史文化成果，将历史文化成果与城市发展的现代因素结合。在保护和传承历史文化因素的同时，创新城市历史文化发展，赋予城市历史文化新的活力，使城市历史文化具有时代特色。

现代中国城市公共空间建设必须与城市精神文明建设结合，做好精神文明宣传建设。在现代中国城市公共空间的建设中，要特别注重社会主义精神文明建设，做好社会主义核心价值观和中国梦的宣传工作。做好现代中国城市公共空间标语宣传，运用精神文明、法治理念、社会主义核心价值观宣传，提高人民群众对社会主义核心价值观的情感、政治和行为认同，引导人们践行社会主义核心价值观。

第二节　现代中国城市公共空间设计的 人性化与文脉化

一、现代中国城市公共空间设计的人性化——塑造什么？

（一）公共生活方式

公共生活是一种共享生活，人们在公共空间中相互联系、相互影响。相比家庭生活和学校生活，公共生活领域更广、内容更丰富、表现更精彩。可见，在参与公共活动时，人们处于一个相互影响、相互交流的场所，人们或多或少地会与其他人产生关系。因此，对于公共生活场所来说，一个好的公共空间设计可以让公共活动更有意义、更和谐，一个对空间尺度、开放性和私密性、使用体验、文化有正确理解的公共空间可以让公共空间赋予自己更多的意义。

事实上，城市中的大部分公共空间都是由"街道"组成的。有风景的街道是人们在城市中放松身心的好场所。走在城市街道上，观察城市的交通、河道和建筑物，可以让人们更接近城市。在宁波三江口北岸，有著名的"老外滩"，经政府整修后，酒吧街已成为许多人的娱乐场所。白天，这里是一个安静的休憩之所，人们可以安静地坐在咖啡厅里，享受一段安静的时光。沿着江边景观漫步，可以看到甬江和对岸的建筑。老外滩体现了它承载的历史意义，为人们提供了一个放松的场所，同时给人们带来对城市的认同感，这是公共生活的关怀，也是对这座城市的尊重。

除街道外，城市还有其他公共开放空间可供人们进行公共活动，如花园、城市公共广场、绿地等。这些开放的公共场所与街道不同，因为人们来到这些公共场所时，进行的是休闲、阅读、参观、运动等停顿式的公共活动，因此，当人们来到这里进行公共活动时，会有不同的操作体验，与处在同一空间中的人交流的方式也不同。

（二）认同感

根据现代场所理论，场所是由一定的材料、形状、纹理和颜色构成的，形成空间的环境特征。与此同时，场所理论也在城市空间的讨论中加入了对人类、文化和社会心理需求的研究。场所的精神是由空间结构和抽象的空间特征所决定的，它被称为"氛围"。合适的场所会让人们有感觉、有共鸣、有归属感。

场所理论强调立即回到现实世界，找回失去的场所的存在和整体性，找回失去的身份和归属感，使生活有意义。

不同的城市因其历史、性质、规模、文化和地域的不同而具有不同的特色和风格。城市自然环境与人工环境之间的空间关系也构成了典型的现代中国城市公共空间。同一城市不同的空间位置在不同的社区活动、规模和类型中也有不同的地域精神。现代中国城市公共空间的布局不是"一统天下"，而是"因地制宜"，以城市的独特性、自然、经济、历史、地貌和传统文化为源泉，对城市文化资源进行充分利用，并结合城市的独特性、不同的物质文化特征以及空间划分，形成鲜明的主题。

比如北京的元代城墙遗址公园。元大都地区作为北京城市发展的见证和物质遗迹，是北京城市文化的重要物质遗迹。该遗址公园将休闲、文教、娱乐等不同功能融入其中，与遗迹和文化小品结合，有时会重现和展示北京的历史，并成为公众恢复历史记忆的接触点和催化剂，也是集体记忆的承载者。这样的城市空间丰富了城市的精神内涵，赋予居住在其中的人们强烈的认同感和归属感，成为人们记忆的象征，同时也成为充满活力和人文气息的空间。

人性化属性对构建人性化的现代中国城市公共空间具有重要意义。在现代中国城市公共空间的设计中，应积极挖掘、弘扬地域文化特色，恰当表达空间形象，这是现代中国城市公共空间精神内涵的关键。在公共空间规划中，强调城市地域文化符号的重复，是增强区域居民文化认同感、增强区域居民文化凝聚力的关键。

（三）价值观

近年来，随着现代城市文化服务体系的不断完善，通过资源整合和创新利用，围绕城市开发了许多新的城市公共文化空间。这种新型的城市公共文化空间丰富了现代中国城市公共空间的形式和内涵，满足了新时代人们精神文明建设和生活的需要，为城市带来了新的魅力。构建新型公共文化空间，对于全社会践行社会主义核心价值观，完善公共文化服务体系，提高公共文化服务水平以及城市文明程度，具有重要意义。

构建新型城市公共文化空间，实现修身润物的无声教育作用，发挥推动社会主义核心价值观实践的作用，必须牢牢把握社会主义核心价值观与文化建设的辩证关系，始终坚持"有益身心、互惠互利、智慧文明"的新型公共文化空间功能定位；深入践行"创新、现代、人性、开放、共享"的建设理念；牢牢贯彻"美与实用相结合、重凝聚引导、理解与实践并重"的建设原则。同时，还要积极防止空间建设文化趋于大众化、同质化，为人们建立学习、交流、分享和与新的空间形态和形式互动的平台，以新颖丰富的服务活动和内容吸引人们进入空间；传承优秀传统文化，弘扬时代精神，立足国家，面向世界，积极培育公民意识和公共精神，倡导培育和践行社会主义核心价值观；鼓励人们忠于美善，提升城市空间品质，提高公共文化服务效率，促进城市文化发展，不断凝聚文化力量，贯彻和践行社会主义核心价值观。①

---

① 戴珩.建设互益共赢的新型公共文化空间[J].中国文化报，2021（2）：3-6.

二、现代中国城市公共空间设计的文脉化

一个区域的文脉元素是混合并且不断变化的。在城市设计过程中，为了将文脉转化为空间表达的元素，需要对当地文脉的显性和隐性元素进行详细的采集，并进行系统的分析。按照文脉价值体现的原则，选择具有地域文化特色的元素，并在现代中国城市公共空间中体现。

城市在不断发展，这是一个动态的过程。时代的发展使得文脉元素的表达也表现出适应时代的能力。基于动态广度原则的文脉元素，无论是外显表达要素还是隐含表达要素的形式，都会适应当时城市的发展，并根据经济组织模式和生活方式进行适应性调整。因此，在城市发展过程中，文脉要素的传承体现为，在发展的文脉中延续代表时代发展的先进因素，摒弃低级低俗、消极的文脉因素。

文脉的传承不仅与物质意义上的建筑物和场所有关，还与创造和使用建筑环境的人有关。了解当地文化和社会差异，有利于理解现代中国城市公共空间。在城市的不断更新和发展中，人们逐渐发现历史文化名胜的特殊价值，更渴望保留城市的历史，使其为人们提供精神食粮。这就要求我们创造和维护具有更多文化内涵的现代中国城市公共空间。

文脉内容的丰富性和多样性是城市的特点。城市文化的特征在空间艺术手法的基础上得到体现，并进一步延伸到空间文脉的要求上，使其具有更深、更丰富的内涵。可见，"文化特征与空间形态息息相关"。多元文化语境内容的组合要求在现代中国城市公共空间设计中将内容分配到空间中，使这些空间能够展示文化，延续集体记忆的功能。一是选择项目区内具有地域特色的空间作为发展重点；二是根据一定的语境表达原则选择文化内容，确定空间节点的主题；三是根据空间主题的脉络进行微观层次空间的设计。这不仅使空间被赋予了地域特色，而且促进了均衡文化的发展，传承了文化脉络。比如重庆的洪崖洞（图5-1），凝聚了重庆三千年的历史，融合了重庆独特的巴渝民俗文化、山居建筑文化、码头文化。它依托山房、悬崖上的吊脚楼以及相互连接的建筑空间等建筑文化，充分利用建筑奇观之一的"吊脚楼"形式。洪崖洞以民俗文化为基础，以"民俗"天成巷路建设"风情集

市"，集街景、艺人表演、大剧院、中国第一火锅、多种形式的民俗风情于一体，营造浓厚的民俗文化风情；以码头文化为补充，在重庆唯一最具滨江价值的纸盐河街上，以雕塑再现码头风光，充分展现重庆码头文化的独特精髓。洪崖洞项目基地结合自然地理和人文因素，设置了洪崖滴翠、两江汇流、吊脚楼、洪崖造像、城市阳台、巴文化柱、中华火锅第一鼎和嘉陵夕照八个景观特色点，形成了洪崖洞独特的文化魅力。除了消费，居民和游客还可以在这里享受文化、消费文化和体验文化。

图5-1 洪崖洞

第三节　人文关怀视野下的现代中国城市公共空间设计

一、现代中国城市公共空间设计中人文关怀的设计体现

在现代中国城市公共空间中，寻求社区的心理需求和行为特征，是现代中国城市公共空间营造人文空间、塑造人文关怀的重要手段。当前，我国城市经济的快速扩张与城市文明的相对缺失形成了强烈的矛盾。为了减少这种冲突，城市公共空间必须体现对文化的尊重和对"人类"使用者的尊重。很多具有深厚历史背景的街区、街道和公园，往往能唤起人们的向往，不仅是因为它们的文化渊源、历史内涵和独特的建筑风格，还因为其外露的公共空间。人文关怀理念可以使人们更好地了解城市环境和结构，满足人们的心理和行为欲望，努力实现"以人为本"的目标。

（一）归属感

现代中国城市公共空间规划中的人文关怀首先要求现代中国城市公共空间的规划要有归属感。现代中国城市公共空间是人们交流和参与社会活动的最重要场所。

现代中国城市公共空间的相互理解，可以通过在同一空间内的交流，缩短人与人之间的距离，产生凝聚力。现代中国城市公共空间与归属感的关系以及与物质意识的关系密切相关，好的城市公共空间是归属感的良好支撑。城市公共空间的开发不仅需要创造新的环境，更需要重建人与社会、人与自

然的平衡，既要满足人的生理需求，又要为人的精神需求创造高质量的心理和社会环境。

目前，现代中国城市公共空间存在的主要问题是空间结构单一、城市化进程碎片化、缺乏可识别信息、缺乏地域特色和文化景观。这个问题让"归属"变得困难。完善的交通空间系统应该将不同的公共空间用空间网络连接起来，增加人们的交流机会，通过空间场景的识别创造良好的生活品质，提高城市对公共空间的归属感。

随着城市化的快速发展，现代中国城市公共空间在增强城市活力、提高人们生活质量方面发挥着重要作用。如果一个民族强大到可以相信自己的文化，在文化取向上就会自觉地抵制趋同，构建一个有归属感的现代中国城市公共空间。

（二）体验性

城市的公共空间离不开人们的情感体验。要创造以人为中心的空间，就必须打破将空间与人的行为和活动分开的惯常做法，将空间与人的行为和需求充分联系起来。对此，要充分考虑营造场所认同感，增加参与度，构建具有黏性和场所认同感的现代中国城市公共空间。

现代中国城市公共空间的体验性基于地块的空间特征，主要传达人与空间之间的情感。城市公共空间的体验式发展主要围绕人在景观中的运动展开。首先，步行和身体运动接收到构成景观体验世界的连续体验片段。其次，景观体验的过程就像阅读一部文学作品，体验者遵循设计师的安排，逐步明确景观的主题和内涵。最后，每个体验过程的痕迹在潜意识的影响下重叠，扩大和塑造景观的整体印象。体验的结果不是对风景细节的记忆，而是对整个风景的记忆。

现代中国城市公共空间设计，往往容易出现高估空间规模和功能、过分强调视觉体验、忽视人类在空间中的交流和信息传递等误区。这种受城市扩张影响的进取心态看似取得了令人满意的效果，但实际上却忽视了"人"在空间中的主体性，缺乏人性化。其实，人们需要的不是刺激视觉神经的炫目视觉效果，而是一个让人沉浸其中、参与讲故事、满足情感寄托、激发灵感的空间。现代中国城市公共空间的发展已经从对视觉美学的研究转向对人与空间的人文关系的探索。

（三）参与性

参与性在现代中国城市公共空间中是人与空间的互动，是主体自发的探索与欲望。这些互动基于人与土壤、人与植物、人与动物、人与人之间的感官感知和关系。

人们活动在现代中国城市公共空间中，那么现代中国城市公共空间就是人们行为的载体。人的行为与现代中国城市公共空间是相辅相成的。为满足人们的需求而开展的各种活动，强化和丰富了城市公共空间，使其进入良性循环。具有人文关怀空间特征的现代中国城市公共空间不仅方便了人类的行为活动，而且有利于人类良好行为的形成。不同的空间特征直接或间接地影响着人们的行为需求和欲望。在现代中国城市公共空间中，不同的人有不同的行为特征，与空间的互动方式也不同，这种互动性的空间特征使现代中国城市公共空间更具参与性。[①]

简言之，现代中国城市公共空间的人文处理是人性化的理念，它适应于城市和人们在公共领域、公共空间和共同进行的日常活动。在传统的公共空间中，街道和广场是由人类活动塑造的。沿街道和市场的道路尺度功能分布以及人的知觉和运动模式来进行协调，为行人与现代中国城市公共空间互动提供了自然的最佳条件，从而形成一个参与性的现代中国城市公共空间。

交流是社会群体的本能，即使没有口头交流，也可以通过观看与他人互动。然而，深层次的真实环境可以让人们有机会作出自由选择，人们可以通过各种活动相互了解。

---

① 杨茂川，何隽.人文关怀视野下的城市公共空间设计[M].北京：科学出版社，2018：318-320.

二、具有人文关怀的现代中国城市公共空间设计的塑造

（一）科学与技术

随着新技术的创新和广泛应用，城市公共空间的发展不仅有效地解决了资源、交通、卫生和安全问题，也给城市经济发展和社会稳定带来了新的挑战。智慧城市空间的核心内容是综合运用通信信息技术优化各种空间，最大限度地提高城市居民的生活质量和经济增长，减少污染和能源消耗。在现代中国城市公共空间规划设计的研究中，重点是研究智慧城市空间。在科技创新支撑社会发展的大背景下，城市公共空间规划与设计要立足智慧城市建设，从而使公共空间设计更好地促进城市发展和社会进步。

当前，科技创新的主要任务是解决空间发展的突出问题，促进空间产业集聚，为公共空间发展提供技术和工具。然而，在未来城市公共空间的发展中，科技创新将发挥越来越重要的作用，从片面的、肤浅的、不连续的影响转变为全面的、深刻的、持久的影响。科技创新对城市公共空间发展的深刻影响在于机制的建立、模式的设计和意识的培养。城市公共空间发展的机制和本质是城市公共空间转型和优化过程中的一系列环节。科学技术需要参与创新，科学技术必将提高其科学性和适用性。因此，在形成和沉淀发展机制和模式的过程中，科技创新的作用得到了极大的强调。同时，城市空间的开发必须增强人们的科学创新意识，这样既保证了科技创新政策、法规和理论的贯彻和发展，又有利于培养人才监管队伍，提高科技创新意识，为城市公共空间发展扫清意识方面的障碍，提高人们的认可度和参与积极性，这种影响是深远、持久和可见的。①

随着我国城市发展质量和要求的提高，城市公共空间发展的科技创新规模和领域不断扩大，环境科学和人文科学逐渐从经济领域向生态系统等领域发展。城市公共空间发展的主体和参与者是人，发展的最终目的是提升城市

---

① 曾鹏.科技创新推动城市空间发展[J].中国社会科学报，2022（06）：3-4.

居民的幸福感，为实现这些目标，技术创新发挥了非常重要和明显的作用，成为其发展基础。未来，不仅要开发城市公共空间，将科技要素转化为生产性资产，更要以生态和谐、环境优美、空间结构更加丰富的方式推动人文科技发展。科技创新的影响和作用体现在城市空间发展的各个维度中。

科技创新以其强大的生命力和先进性，成为提升中国城市公共空间发展水平和质量的强大动力，是科技创新和资源节约型城市空间发展的典范。未来，政府将更加注重城市公共空间科技创新的政策支持、教育环境、人才培养和机制建设，完善科技法治环境。[①]我们可以从科技创新立法方面来思考如何改善中国科技创新的环境：科技创新立法更具创新性和革命性。科技创新法律制度在内容更新、纠错疏漏、借鉴其他法律法规等方面具有时代特征。完善和发展科技创新法律体系，有利于更好地处理好相关领域和部门之间的关系。完善的科技创新立法体系应尽可能涵盖所有相关权利和义务。

（二）理性与感性

在现代中国城市化进程中，城市公共空间设计的重要性日益凸显。一个具有人文关怀的城市公共空间设计不仅能够满足人们的基本需求，还能够创造一个温馨、包容和有意义的社会环境。然而，要实现这一目标，需要综合考虑理性与感性两个方面。理性方面强调科学、规划和功能性，而感性方面注重人们的情感需求、文化认同和审美体验。

1.理性与感性的平衡

（1）理性与感性的互补关系：理性和感性并非对立面，而是相互依存的关系。合理的规划和功能性设计为感性提供了表现的基础，而感性则赋予公共空间以情感和人文关怀的内涵。

（2）整体性的规划：通过整体性的规划，可以将理性和感性因素有机地融合在城市公共空间设计中。规划应考虑人口分布、社会需求和环境因素，

---

① 曾鹏.科技创新推动城市空间发展[J].中国社会科学报，2022（06）：3-4.

以确保公共空间在满足功能需求的同时，创造出符合人们情感期待的环境。

（3）多元化的功能设计：理性的设计应关注公共空间的多功能性，满足人们的不同需求。同时，通过巧妙的空间布局、景观设计和艺术元素的融入，创造出愉悦的感性体验。

（4）人性化的细节考虑：在理性设计的基础上，注重细节的人性化考虑是实现人文关怀的关键。例如，在公共空间中设置舒适的座椅、绿化植被和公共艺术品，以提供人们休息、交流和欣赏。

2.理性与感性的实践案例

（1）理性案例：合理的交通规划和布局，包括便捷的公共交通系统、人行道和自行车道网络，以满足人们的出行需求。科学的排水系统和环境监测设施，确保公共空间的环境质量和可持续性。

（2）感性案例：通过景观设计、艺术装置和文化元素的融入，创造具有文化认同和审美价值的公共空间。例如，在城市公园中设置具有当地文化特色的雕塑、壁画和传统建筑，激发人们的情感共鸣。

（3）理性与感性的结合案例：在大型综合体项目中，充分考虑人们的功能需求和情感期待。例如，在购物中心中，设置便利的商业设施同时提供舒适的休息区域和独特的景观设计，为人们创造愉悦的购物体验。

3.挑战与对策

（1）规划与设计的整合：挑战在于如何在规划和设计过程中充分整合理性和感性的考量。需要建立跨部门的合作机制，确保规划和设计环节的协同推进，以达到人文关怀的目标。

（2）文化与历史的保护：城市公共空间设计应尊重当地的文化和历史遗产，以确保设计的连贯性和可持续性。需要加强文化保护意识和专业知识的培养，避免盲目追求现代化而破坏了传统文化的传承。

（3）公众参与与反馈：理性和感性的平衡需要考虑公众的参与和反馈。通过公众参与的方式，收集人们的意见和需求，并将其纳入设计过程中，增加公共空间设计的民主性和人性化。

总之，要塑造具有人文关怀的现代中国城市公共空间设计，需要综合考虑理性与感性两个方面。通过平衡功能性规划和情感体验的设计，可以创造出满足人们需求的公共空间，并培育社会凝聚力和文化认同。在面临挑战时，需要加强规划与设计的整合、文化保护和公众参与，以推动人文关怀的城市公共空间设计在中国的实践与发展。

（三）生活与艺术

在众多最能反映和长期影响市民审美活动和城市精神的要素中，城市发展起来的公共空间、艺术作品和雕塑景观是最能发挥作用的。因此，在城市发展过程中，城市生活决定城市公共空间的艺术，现代中国城市公共空间的艺术影响着市民的生活。

从广义的、理论的和实践的角度来看，城市地铁空间、道路、车站、广场等都是现代中国城市公共空间。公共艺术在这一领域的主要作用和功能在于两个方面：第一，具有一定的实用价值和应用价值，如标志性建筑具有实地引导作用；第二，具有主流的意识形态和社会价值观。几座具有纪念意义的公共空间雕塑、纪念碑等，记录着这座城市的历史和城市发展的主要时刻。道路作为公共空间中最大的区域，承载着更广泛的文化意义，城市的扩张、调整和发展必须围绕道路这一重要因素进行。艺术进入街道除了提升道路整体的形象和知名度外，更重要的是可以提升道路的文化氛围和特色，即辨识度，使其能够满足居民群体和游客的需求。目前，很多城市都在尝试改变道路形象，深入挖掘道路的历史文化底蕴，形成一条历史悠久、文化深厚、特色众多、风景秀丽的旅游名路，提升多个地区和城市空间的整体形象。

然而在现实生活中，影响道路整体形象的因素远不止这些基于表层产生的价值，道路周围的建筑、景观等物质条件只是一个因素，更重要的是社区的参与状况，即城市的生活方式，简单来说，包括街头的人际关系，等等。

城市地铁的出现，使城市地块的功能和专业划分更加清晰，城市运营的整体效率大大提高。这种适合生产和城市生活的硬件交通工具逐渐成为城市发展的重要公共交通和民生福利项目，成为现代大都市运营中人们生活和工作的"贴心助手"。

地铁交通建设中出现了大量公共艺术设施，而地铁的到来也为公共艺术的发展创造了诸多条件，也对提高该地区的生活品质和人气起到了一定的作用。在地铁交通中，地铁站是公共艺术的集中空间，这个空间的设计是基于对每个车站或每个区域的文化特征的分析和安排。下面以北京地铁为例，分析地铁的公共艺术。

北京地铁公共艺术最早出现的是当时的2号环线，这也是最早开通的线路之一，公共艺术以大型壁画为主。不过，对北京地铁公共艺术感受最深的还是北京地铁4号线。地铁4号线汇集了北京众多旅游景点和高等院校，公共艺术形式也多种多样，如壁雕、壁画、雕塑等公共艺术作品。其特点是更注重地铁站所在地的地理特征，更具地域性，更注重所在地区文化内涵的拓展和历史积淀。这样，公共艺术不仅仅是艺术本身，更是在讲述历史、传达文化。

在北京地铁4号线的主要车站，如西直门、动物园、圆明园、国家图书馆、西单、北京南站等，创作了一系列公共艺术品，让每个地铁站都有一定的差异性。这些车站也以附近著名的景点和建筑物命名。例如，在北京地铁4号线上，最优秀的公共艺术作品就是设置在北京大学东门站、菜市口站、人民大学站等站内的"微型美术馆"。这在北京的地铁建设中也是史无前例的。这个"微型美术馆"收藏了站点附近的老照片，并轮流展示一些艺术家的艺术作品。乘客在换乘和候车的空闲时间，可以快速了解周边的历史文化，其形式与美术馆中的架上作品大不相同，这里的作品更接地气。一些年轻的艺术家也展示了他们平时的作品，或风景画或水彩画，为快节奏、拥挤的地铁增添了一丝温暖。

城市建设促进了现代中国城市公共空间艺术的发展，如今的现代中国城市公共空间艺术正逐渐向多元化发展，让艺术慢慢走进人们的生活，成为城市生活的一部分。在现代中国城市公共空间的规划和开发过程中，一定要更具前瞻性，让现代中国城市公共空间的发展真正成为造福社区的好事，更好地体现城市文脉和精神文明，让艺术真正走向大众化、生活化、多元化。

第四节　现代中国城市公共空间设计实践与探索

一、现代中国城市公共空间设计的评价

（一）使用者评价

　　使用者评价主要通过调查反馈来完成。例如，位于洪崖洞民俗建筑群上方的洪崖洞城市阳台，是重庆市级公共观景台。十年前，政府对整个景区进行了多次整修和更新，该场地具有餐饮、娱乐等功能。以下调查反映了使用者评价：

　　（1）用途。在洪崖洞民俗建筑群这一片区的人口构成中，外国游客较多，活动主要是观赏。游客在站台上停留的时间不长，在风情街玩的时间比较多。

　　（2）使用者分布。天气好的时候，洪崖洞城市阳台白天到晚上人流量最大，有时站台会很拥挤。晚上会有少量游客在这里欣赏夜景，当地人也会在晚饭后过来散步。

　　根据使用者数量和高峰时段分布图可以发现，下入口前区域、左侧咖啡座、凹形观景台较为热门。咖啡椅和带遮阳椅的区域可供游客休息；下沉式平台因其广阔的视野受到众多参观者的青睐。

　　（3）使用者调查与评价。调查问卷分析发现，洪崖洞城市阳台在许多方面令人满意，但仍有欠缺方面。例如，外部景观环境、附加功能设施、交通状况和整体建筑风格都令人满意。反映不佳的主要是场所拥挤、遮光条件不足和休息设施不足（图5-2）。

207

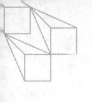

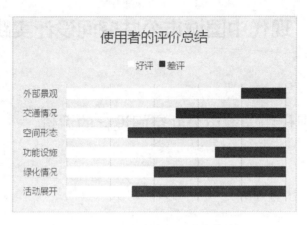

图5-2　使用者的评价总结

（二）专业批评

专业批评应先做理智的分析、思考、评价和总结，然后通过口头、书面方式表达出来，着重阐述设计的实用价值和审美价值，展示设计的优缺点，这具有重要的现实意义。专业评价主要体现在两个方面：一是现代中国城市公共空间规划过程是对设计方案进行比较和评估，以确定设计的价值，评估优缺点，选择最佳的设计方案；另一方面也指向城市公共空间设计的结果（物化产品或环境设计等）的批评。针对前者，设计批评能有效保证设计质量，减少设计盲目性，提高设计效率和成功率；在后一种情况中，设计者将根据批评发现设计缺陷，并针对缺陷进行设计改进。

现代中国城市公共空间的艺术本质是要解决社会生存需求与现代中国城市公共空间发展价值追求的矛盾。放眼我们今天的城市，不难看出，街道绿化建设十分有序，不允许人们随意踩踏。但仍存在人行步道被汽车强占为停车位；大面积暴晒于烈日下的硬质铺装，使人与城市渐行渐远的情况。在利益驱动下，现代中国城市公共空间被赋予过多的意义和价值，忽视了人们最基本的需求。在城市飞速发展的今天，现代中国城市公共空间艺术不再以传统意义上的广场、街道、公园等形式出现。人们更多地根据自己的物质和精神需求来创造互动空间，而公共空间不是由既定的物理空间定义的，而是根据人们在这个空间中移动的需求和行为而定义的。从一开始，现代艺术与现代中国城市公共空间的基本结合，就不是固守传统的公共空间概念，而是关注作为媒介的公共艺术空间的活动，关注它是否达到可以被利用、可以吸引公众参与、与公众产生情感的交流效果。从艺术的角度来看，现代中国城市公共空间的探索一直是优化人类居住条件的一个重要方面，但不可否认的是，公共空间的设计必须从基本尺度和人类基本物质需求出发。

现代公共空间艺术的基本问题是要体现其基本的内在社会价值。多元文化背景下，传统价值观和社会规范受到影响，社会心理处于混乱状态，政治理性和经济理性主宰人性，主宰城市建设。只有走向和谐社会，才能表达现代中国城市公共空间的生态艺术。也就是说，公共空间作为现代艺术的一种载体，满足了人们的需求，提供了丰富的社会表达，最终引领了人们的公共生活，人们可以在公共空间艺术交流中体验精神境界。设计的功能最终必须回归到讨论设计对象和社会需求上。现代中国城市公共空间的艺术设计应探索如何在固定空间和流动时间创造良好的城市公共环境，以适应人们不断变化的需求。

二、现代中国城市公共空间设计案例

（一）北京798艺术区

位于朝阳区的798艺术区，作为中国现代艺术的新地标，享誉世界。它是现代艺术、建筑空间、文化产业、历史文脉和城市人居环境的有机结合。这里原是"一五"时期的重点项目——国营798厂等电子工业老厂的所在地（图5-3）。20世纪50年代，中国、苏联和东德共同见证了它的设计和建造：该建筑采用混凝土拱形结构，结构高大，天窗明亮，这在其他建筑中是少见的。实用、简单、完美，是德国包豪斯风格融合的典范。

随着北京城市规划的发展和电子厂搬迁的整合重组，一些有前卫艺术思想的艺术家于2002年开始入驻。这里大胆个性的建筑和宽敞明亮的厂房可以提供丰富的艺术氛围，适合艺术家创作艺术或举办展览。

不止于美：现代中国城市公共空间设计研究

图5-3　北京798艺术区一角

在保护本土历史文化的基础上，设计师们重新定义和设计了工业厂房，体现了他们对建筑和生活方式的创造性理解，并与厂区内的老建筑进行了实用性和美学的清晰对话。在艺术群体的带动下，越来越多的行业群体落户。如今，它已成为一个集艺术中心、画廊、艺术家工作室、设计公司、广告公司、时装、家居、酒吧和餐厅于一体的艺术社区，开创了国际化的"SOHO式艺术装修"和"LOFT生活方式"。这个举世瞩目的美术馆是现代艺术的近距离观察者，也是世界了解现代文化和北京艺术现象的理想场所。[①]

（二）中央美术学院新校区

中央美术学院新校区位于北京望京，大窑坑以东，于2006年落成，由吴良镛院士设计。新校区为瓷砖、罗马万神庙式风格，中间为庭院，前为宽阔庄严的广场，后以水为主题，有相互连接的梯形庭院群，形态各异，环境优美。

该建筑群整体协调，空间层次丰富，具有独特的雕塑感，充分体现了中国古典学院模式和西方大学模式的特点。它的设计结合了地理、环境和人文，融合了建筑、园艺和设计。除了规则性，它还完美地将丰富的几何形状穿插嵌入方形、圆形、三角形等建筑中。不同的建筑在色彩和风格上也相互呼应使美术学院新校区在功能性和美学上独树一帜。

园林绿化和生态管理是美院新校区的亮点。南湖公园在校园西侧，但因建筑垃圾填入导致水面消失。由于生态状况，设计师决定修复废弃的土地，采取积极的环保策略，利用其真实的生态状况，在原有的基础上，增加了小树林和绿地，利用地形下降设计了体育场、圆形剧场和一系列庭院，增加了空间的趣味性和吸引力。这样的造景不仅减少了建设的工作量和成本，而且合理利用了环境资源，开发了潜在生态，满足了绿色建设要求。中央美术学院从生态现实出发，关注功能和审美需求，主动改革创新，将文化、环境、

211

① 中国建筑文化中心.城市公共艺术案例与路径[M].南京：江苏凤凰科学技术出版社，2018：53-55.

造型、实用性等设计思维结合起来，值得城市公共空间规划建设者学习和参考。

（三）北京三里屯太古里

三里屯位于朝阳区的中西部，这里是北京著名的酒吧街，年轻人经常光顾。它也是北京夜生活的中心，随着什刹海、工人体育场、五道口等区域的逐渐发展，三里屯也面临着竞争压力。这时，太古里的迅速觉醒改变了三里屯的发展趋势。

三里屯太古里建筑面积17万多平方米，努力打造以年轻人为主要消费群体的时尚休闲购物中心。三里屯太古里分为两个区域：北部区域以高端品牌为主，注重创意和设计；南部区域以年轻人休闲区为主，吃喝玩乐，主要满足年轻时尚消费者的需求。南北区集购物、休闲、艺术文化交流于一体。

太古里不仅处于全球商业发展的前沿，而且在艺术文化和休闲活动方面也非常多元化，充分体现了其人文气息。在这里，有艺术展览、文创展览等各类大型文化艺术交流活动，太古里已成为人文时尚新地标。

太古里建筑艺术的融合体现了其时尚、人文的形象。太古里的建筑整体统一，以现代玻璃墙和不同颜色的玻璃块为主（图5-4），与建筑的统一外观相比，建筑内部各有特色。单体建筑周围有独立的绿地，体现了绿色自然的理念。建筑物之间有一个广场，是一个活动空间。

图5-4　三里屯一角

参考文献

[1] [西]雅各布·克劳埃尔.装点城市：公共空间景观设施[M].高明译.天津：天津大学出版社，2010.

[2] 鲍艳红.商业空间设计[M].合肥：合肥工业大学出版社，2017.

[3] 蔡凯臻，王建国.安全城市设计：基于公共开放空间的理论与策略[M].南京：东南大学出版社，2013.

[4] 车生泉，徐浩，李志刚，等.上海城市公共开放空间与休闲研究[M].上海：上海交通大学出版社，2019.

[5] 翟艳，赵倩.景观空间分析[M].北京：中国建筑工业出版社，2015.

[6] 杜春兰.城市公共空间景观设计[M].北京：中国建筑工业出版社，2019.

[7] 樊丽.风景园林设计的要素与实践[M].北京：中国水利水电出版社，2017.

[8] 郭立群，郭燕群.商业空间设计（第2版）[M].武汉：华中科技大学出版社，2012.

[9] 韩波.营造本土化城市公共空间景观[M].北京：文化艺术出版社，2021.

[10] 黄亚平.城市空间理论与空间分析[M].南京：东南大学出版社，2002.

[11] 江泓.城市空间发展的转型结构和演变动因[M].南京：东南大学出版社，2019.

[12] 金萱.城市公共空间湿地景观艺术[M].北京：新华出版社，2021.

[13] 李楠，文佳.城市老旧社区公共空间微更新策略研究：以昆明市为例[M].昆明：云南大学出版社，2021.

[14] 刘丽娟，许洪超，郭媛媛. 商业空间设计[M]. 合肥：合肥工业大学出版社，2016.

[15] 刘新祥. 城市导识设计[M]. 武汉：武汉大学出版社，2008.

[16] 卢济威，庄宇. 城市地下公共空间设计[M]. 上海：同济大学出版社，2015.

[17] 罗兵，朱琼芬. 商业空间设计[M]. 青岛：中国海洋大学出版社，2015.

[18] 马金祥，陈卓，王楚鑫，等. 城市公共地下空间色彩应用研究[M]. 长春：吉林人民出版社，2014.

[19] 孟彤. 城市公共空间设计[M]. 武汉：华中科技大学出版社，2012.

[20] 欧阳丽萍，谢金之. 城市公共广场设计[M]. 武汉：华中科技大学出版社，2018.

[21] 彭军. 商业空间设计[M]. 天津：天津大学出版社，2011.

[22] 善本出版有限公司. 开放空间城市公共景观设计[M]. 北京：北京美术摄影出版社，2012.

[23] 石璐. 城市空间艺术设计——城市空间规划与设计研究方向硕士研究生论文集[M]. 沈阳：辽宁美术出版社，2020.

[24] 宋振华. 城市景观设计方法与专项设计实践[M]. 北京：中国水利水电出版社，2018.

[25] 汪丽君，舒平，卢杉. 城市既有住区公共空间适老化更新策略[M]. 天津：天津大学出版社，2019.

[26] 王晖. 商业空间设计[M]. 上海：上海人民美术出版社，2015.

[27] 王江波. 城市空间与避难行为[M]. 上海：同济大学出版社，2021.

[28] 王俊茹，李晓昕，刘莹. 商业空间设计[M]. 武汉：武汉大学出版社，2017.

[29] 王裴. 基于城市形象塑造的公共空间导识系统设计研究[M]. 北京：地质出版社，2018.

[30] 王鹏. 城市公共空间的系统化建设[M]. 南京：东南大学出版社，2002.

[31] 王平妤. 当代城市开放空间设计研究 以重庆山地城市为例[M]. 长

215

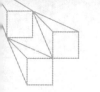

春：吉林美术出版社，2020.

[32] 王中德. 西南山地城市公共空间规划设计适应性理论与方法研究[M]. 南京：东南大学出版社，2011.

[33] 卫东风. 商业空间设计[M]. 上海：上海人民美术出版社，2016.

[34] 魏娜. 城市公共空间设计[M]. 北京：清华大学出版社，2017.

[35] 魏娜. 作为社会介质的城市公共空间设计研究[M]. 北京：中国建筑工业出版社，2019.

[36] 吴韦，李化，郭婷婷. 商业空间设计[M]. 武汉：华中科技大学出版社，2019.

[37] 吴志强，高雄. 商业空间设计[M]. 镇江：江苏大学出版社，2018.

[38] 夏建统. 城市公共空间规划设计[M]. 北京：中国城市出版社，2012.

[39] 杨茂川，何隽. 人文关怀视野下的城市公共空间设计[M]. 北京：科学出版社，2018.

[40] 星艺装饰文化传媒中心. 一个城市的幸福 公共商业空间设计[M]. 广州：暨南大学出版社，2015.

[41] 于冰沁. 高密度城市中的公共开放空间[M]. 上海：复旦大学出版社，2021.

[42] 于洋. 城市公共空间的规划、建设与管理[M]. 北京：中国言实出版社，2018.

[43] 张健. 城市空间战略平台构建[M]. 上海：同济大学出版社，2019.

[44] 张守连. 生态文明视域下北京城市公共空间的优化管理研究[M]. 北京：新华出版社，2015.

[45] 赵思毅. 艺术·城市·公共空间[M]. 南京：东南大学出版社，2012.

[46] 中国建筑文化中心. 城市公共艺术案例与路径[M]. 南京：江苏凤凰科学技术出版社，2018.

[47] 周昕涛. 商业空间设计[M]. 上海：上海人民美术出版社，2006.

[48] 朱力，田婧. 商业空间设计[M]. 武汉：华中科技大学出版社，2017.

[49] 朱喜钢. 城市空间集中与分散论[M]. 北京：中国建筑工业出版社，2002.

[50] 朱亚斓. 城市儿童安全公共空间结构与设计[M]. 南京：东南大学出

版社，2017.

[51] 邹涛涛. 公共环境设施研究 基于城市MALL商业空间的公共环境设施系统的研究[M]. 北京：光明日报出版社，2021.

[52] 严婷婷，吕圣东. "以流定形"：城市公共绿地设计方法探析[J]. 规划师，2020，36（15）：38–42+54.

[53] 赵勇. 城市商业综合体建筑空间设计分析[J]. 工程设计，2021,6（4）：203–204.

[54] 徐岩. 城市商业综合体外部空间环境设计及策略研究[D]. 西安：西安建筑科技大学，2012.